HAIE, GOETHE und die GURKEN

Thomas Hofmann
Mathias Harzhauser

HAIE, GOETHE und die GURKEN

Zwei schräge Naturwissenschaftler auf Expedition durch das heutige Wien

METROVERLAG

INHALT

ZU BEGINN …

… sei festgehalten dass wir, geschätzte Leserin, geschätzter Leser, zur Spezies *Homo sapiens* gehören. Das, was uns ausmacht, ist das *sapiens*, die lateinische Bezeichnung für „weise“ und „klug“. Ob es die Spezies eines *Homo vindobonensis* je geben wird, werden Evolution und Forscher in ein paar Millionen Jahren wissen. Heute zumindest umfasst das Wiener Bestiarum mehr als 100 Arten und reicht vom 15 Millionen Jahre alten *Conus vindobonensis*, einer fossilen Kegelschnecke, bis zum 2013 entdeckten Hefepilz *Debaryomyces vindobonensis* im Abwasser einer städtischen Kläranlage.

Apropos Pech, in Wien sagt man zu einem Pechvogel gerne: „Der hat die Gurke.“ Tatsächlich hat aber Wien die Gurken für 60,9% aller Österreicher: Unglaubliche 63 Millionen, überwiegend in Simmering gezogene Salatgurken, garantieren die Versorgung des gesamten Landes! Somit ist einmal mehr belegt, dass Österreich mitnichten eine Bananenrepublik ist.

Ein spektakulärer Tausch von Tieren ist aus der Zeit der k. u. k. Menagerie in Schönbrunn überliefert. Für Steinböcke aus den kaiserlichen Revieren bekam der Wiener Zoo Kiwis, Brückenechsen und andere Exoten aus Neuseeland. Wer meint, dass es in Wien nur einen Zoo gab, irrt, auch Am Schüttel im Bereich des Praters, gab es einen „Thiergarten“. Als größter Renner erwiesen sich weniger Tiere als nachgebaute

Dörfer, die saisonal von Guineern besiedelt wurden. Die „Aschantis" waren 1896 und 1897 der Publikumshit im sensationslustigen Wien. Der 1919 verstorbene Poet Peter Altenberg widmete ihnen die Prosaskizze „Ashantee" und träumt wohl noch heute von seinen Besuchen im „Dorf".

Ja, selbstverständlich sind Haie auch ein Wiener Thema. Haifischzähne im Untergrund der Wiener Vororte belegen die Anwesenheit der Meeresgiganten in der Vergangenheit. Ihre Flitterwochen verbrachten sie dereinst – so darf man annehmen – im burgenländischen Stotzing, wo es damals so aussah wie heute auf den Malediven.

Schräg, unkonventionell, breit gestreut und vernetzt mit anderen Disziplinen sind unsere Zugänge zur Wiener Natur. Wichtig sind uns zwei Dinge: die naturwissenschaftlich exakten Forschungsergebnisse als Grundlage auf unserer Seite – und das „Aha-Erlebnis" auf Ihrer Seite.

Viel Freude beim Lesen wünschen
Thomas Hofmann & Mathias Harzhauser

WO WIENS HAIE JAGTEN

Maritimes High Life zwischen Kalksburg und Loretto

Mit dem Untergang der Donaumonarchie und dem Verlust der letzten Meereshafen der k. k. Kriegsmarine in Triest und Pula hat Österreich den Zugang zum Meer verloren. Meeresfische sind für das Binnenland Österreich daher eher nicht landestypisch – und trotzdem ist Wien Hai-Territorium.

Um ihren natürlichen Lebensraum nahe zu kommen, baute man im Haus des Meeres, das übrigens den Hai im Logo führt, das größte Aquarium Österreichs und benannte es nach den österreichischen Tauchpionieren und Haifischexperten Hans und Lotte Hass. Im 300.000 Liter fassenden zweistöckigen Haibecken, das sich im vierten und fünften Stock findet, schwimmen Schwarz- und Weißspitzenhaie sowie ein Bambushai. Das Hammerhaibecken befindet sich im zehnten Stock des einstigen Flakturms. Im Tiergarten Schönbrunn wiederum liegen Tiger-Stechrochen und Leopolds-Stachelrochen auf der Lauer. Allerdings sind diese Knorpelfische Süßwasserbewohner.

Weniger lebendig sind die über 30 Arten an Haien und Rochen im Hai-Saal des Naturhistorischen Museums. Die Präparation dieser Knorpelfische ist höchste Kunst der Tierpräparation, und die spezielle Beleuchtung der Riesenvitrine im sonst abgedunkelten Saal erzeugt die Illusion frei schwimmender Fische. Die Ausstellung im Naturhistorischen Museum

schließt auch den Kreis zur k. k. Kriegsmarine. Auf einer der Seitenvitrinen ist ein besonderer historischer Fang montiert: Ein um 1900 gefangenes Exemplar eines Weißen Haies aus der Adria. *Carcharodon carcharias*, wie der Großhai wissenschaftlich heißt, dringt nur sehr selten bis in die Adria vor. Doch nicht nur der Fundort war ungewöhnlich. Vielmehr staunten damals die Präparatoren des Museums, als sie den Magen des Tieres öffneten und den Schuh eines Matrosen der k. k. Kriegsmarine fanden. Natürlich drängen sich sofort Bilder eines über Bord gegangenen Seemanns auf, der von der Bestie zerfleischt wurde. Ganz so dramatisch wird's wohl nicht gewesen sein. Ernst Mikschi, Leiter der Fischsammlung am Museum, weiß zu berichten, „dass der Schuh kein Hinweis darauf ist, dass der zugehörige Matrose mitverdaut wurde. Wahrscheinlicher stammt er von einem Hobby der christlichen Seefahrt, das Schiff begleitende Haie mit allem Möglichen zu bewerfen." Der Schuh wird übrigens noch heute im Heeresgeschichtlichen Museum aufbewahrt.

Freilich wurde auch von tödlichen Begegnungen zwischen Menschen und Haien in der Adria berichtet. So schreibt die Arbeiterzeitung am 12. August 1913 unter dem Titel „Eine Wienerin von einem Haifisch verschlungen" und führt aus: „Triest. 11. August. Einige Kilometer von Triest entfernt, an der istrianischen Küste, fuhr ein mit fünf Personen besetztes Boot eine Strecke ins Meer hinaus. Durch einen unglücklichen Zufall kenterte das Boot, und alle Insassen fielen ins Wasser. Die Verunglückten wollten sich durch schwimmen retten. Plötzlich tauchte in unmittelbarer Nähe der vor Schreck fast erstarrten Verunglückten ein Haifisch auf und zerrte die zwanzig Jahre alte, aus Wien gebürtige Comptoiristin Marie Neumann in die Tiefe. Eine zweite Dame versank, offenbar vom Herzschlag getroffen, lautlos im Meer, während die anderen drei kurz darauf ein Boot erreichten, das sie aufnahm und in Sicherheit brachte. Die Leiche der älteren Dame, die in den Meereswellen verschwand, konnte nicht mehr gesichtet werden."

Buntes Hai-Life vor 15 Millionen Jahren – ein Lebensbild von Othenio Abel (1875–1946), ein genialer Paläontologe, dessen Lebenswerk durch seine nationalsozialistische Gesinnung desavouiert wurde

Die verflossene Blütezeit der Wiener Haie

Die Sammlungen des Naturhistorischen Museums zeigen, dass die Blütezeit der Wiener Haie schon in etwas weiterer Vergangenheit liegt – vor etwa 15 bis 13 Millionen Jahren, im mittleren Miozän. In dem Meer, das sich damals von Wien bis weit in den Kaukasus erstreckte und vom frühen Mittelmeer durch die Inselketten der alpidischen Gebirge getrennt war, lebten nicht nur hunderte Muschel- und Schneckenarten, die teilweise sogar Wien im Namen trugen, sondern auch zahlreiche Knorpelfische. Tausende an fossilen Zähnen, Kauplatten und Körperstacheln sind im Tiefspeicher der Geologisch-Paläontologischen Sammlung des Museums nach Arten und Fundorten sortiert. Wenn man nach der Häufigkeit der auf den Etiketten genannten Fundorte geht, dürften Kalksburg, Mauer und Rodaun, gefolgt von Sievering und Nussdorf, zu den spannendsten „Divespots" des miozänen Wien gehört haben. Selbst im Türkenschanzpark waren Haie unterwegs. Diese Verteilung ist aber nur ein Resultat des geologischen Untergrunds von Wien. Ablagerungen aus dem mittleren Miozän sind vorwiegend entlang des Randes des Wiener Beckens aufgeschlossen. Je weiter man sich Richtung Stadt bewegt, umso mehr jüngere Sedimente des Pannon-Sees und der Eiszeit bedecken die Meeresablagerungen. Haie wären daher sicher auch unter dem Stephansdom zu finden, allerdings erst ab 200 Metern Tiefe. Darüber muss man sich eben mit Mammutknochen begnügen.

Insgesamt fanden sich Zähne von 15 verschiedenen Haien im Wiener Becken, die meisten davon auch auf Wiener Stadtgebiet. Am häufigsten waren Sandtigerhaie und Makohaie anzufinden. Daneben jagten hier Makrelenhaie, Engelhaie, Requiemhaie, Katzenhaie, Hakenzahnhaie, Wieselhaie, Breitnasen-Siebenkiemerhaie und sogar Hammerhaie. Zusätzlich schwebten acht verschiedene Rochenarten auf Nahrungssuche über den Meeresboden. Durch Kauplatten und ihre gefährlichen

In Europas größter Hai- und Rochenvitrine in Saal 25 des Naturhistorischen Museums lässt sich per Knopfdruck jedes Individuum einzeln beleuchten

Schwanzstacheln sind große Adlerrochen sowie kleinere Stechrochen, Nagelrochen, Glattrochen und Kuhnasenrochen belegt. Ein nur wenige Quadratzentimeter großer Hautrest konnte aufgrund der charakteristischen Hautzähnchen als Teil eines Sägerochens erkannt werden. Dieses Beispiel zeigt, dass nicht alle Arten durch umfangreiche Fossilfunde überliefert sind. Wahrscheinlich war die Diversität an Knorpelfischen im Wiener Meer daher sogar noch weit größer, denn im angrenzenden Steirischen Becken wurden noch elf weitere Hai- und Rochenarten nachgewiesen. Da Steirisches und Wiener Becken lediglich zwei Buchten desselben Meeres waren, dürften ihre Bewohner problemlos zwischen beiden Regionen hin- und hergewandert sein.

Wiener Haifisch-Giganten seinerzeit

Zu den beiden auffälligsten Tieren in der Sammlung zählen zwei Riesen: Der Riesenhai *Cetorhinus parvus* war der zweitgrößte Fisch des Wiener Meeres. Sein moderner Verwandter erreicht bis zu zehn Meter Körperlänge und ein Gewicht von bis zu vier Tonnen. Wie der Walhai lebte dieser friedliche Riese von Plankton. Mit weit geöffnetem Maul schwamm er durch das Wiener Meer und ließ das Wasser durch seine Kiemen fließen, um dabei Plankton und Kleinstkrebse herauszufiltern. Weniger beeindruckend sind die Fossilien dieses Riesenhaies. Nur die wenige Zentimeter langen Reusenstrahlen des Filterapparates blieben als langgebogene Häkchen erhalten. Der Rest des Skelettes hatte, wie bei fast allen Knorpelfischen, kaum eine Chance, fossil zu werden. Der zweite Kandidat im Wiener Haifischbecken mit dem Etikett „oversized“ war *Megaselachus megalodon*, der früher auch oft als *Carcharocles megalodon* bezeichnet wurde. Als einer der wenigen Nicht-Dinosaurier schaffte es dieses ausgestorbene Tier in die populärwissenschaftliche Literatur. Als „Megalodon“ ist er sogar als Plastikspielzeug in jedem Museumsshop zu finden. Je nach Berechnung wird dieses Monster auf eine Körperlänge von 16 bis 20 Meter geschätzt, mit einem Kieferdurchmesser von über zwei Metern. Damit ist *Megaselachus megalodon* der größte bekannte Hai, der jemals gelebt hat. Obwohl er wie der Weiße Hai zu den Makrelenhaien zählt, ist *Megaselachus* nicht allzu nahe mit dem modernen Hai verwandt – mit „nur“ sieben Metern Körperlänge ist der Weiße Hai außerdem geradezu ein Zwerg. Die großen dreieckigen Zähne von *Megaselachus* weisen eine charakteristische Steakmesser-Zahnung an den Rändern auf. Die ohnedies schon gewal-

tige Beißkraft, die um ein Vielfaches höher als beim Weißen Hai war, wurde damit noch extrem verstärkt, da die Tiere beim Töten ihrer Beute ihre Kiefer schüttelten. Bissspuren an fossilen Knochen legen nahe, dass Wale und vielleicht auch Robben die bevorzugte Beute waren. Wie bei allen Haien brachen beim Ergreifen der Beute immer wieder einzelne Zähne aus und sanken auf den Meeresgrund. Das sogenannte Revolvergebiss der Haie sorgte aber rasch für Ersatz. Dieser „Überschuss" an Zähnen erklärt, warum Haizähne relativ häufige Fossilien sind. Nicht erklärt wird dadurch aber, warum an einigen wenigen Orten ungewöhnliche Ansammlungen an *Megaselachus*-Zähnen entdeckt wurden. Bei Fundstellen in Panama und den USA fanden sich vorwiegend Zähne von Jungtieren. Diese Regionen werden daher als Kinderstuben interpretiert, wo sich die jungen Haie bevorzugt aufhielten. Einen Megaselachus-Hotspot gibt es auch im Wiener Becken. Bei Stotzing, auf der niederösterreichischen Seite des Leithagebirges gelegen, formten die Rotalgenriffe und Sandstrände eine ausgedehnte Bucht. Für Sammler waren die – inzwischen zugeschütteten – Sandgruben mit dem reschen Quarzsand ein Eldorado. Für die heiß begehrten und teuer gehandelten *Megaselachus*-Zähne gab es nahezu Fundgarantie, und mancher Sammler konnte bis zu 30 Zähne erbeuten. Da die Zähne sicher nicht nur von Jungtieren stammen, ist die Kinderstuben-Theorie hier unwahrscheinlich.
Eine nur auf den ersten Blick romantische Interpretation hat mit dem Paarungsverhalten vieler Haie zu tun. Wie der Weiße Hai dürften erwachsene Megaselachus-Haie Einzelgänger gewesen sein. Nur zur Zeit der Paarung treffen sich die geschlechtsreifen Tiere. Die Schwierigkeit liegt nun in der richtigen Paarungstechnik. Damit es funktioniert, müssen sich die Haie Bauch an Bauch aneinander schmiegen. Der fordernde Teil in diesem System ist – wie so oft – das Männchen. Wenig sanft wird dabei gerempelt, gedrängt – und gebissen. Bei vielen

Arten haben die Weibchen eine deutlich dickere Haut als die Männchen, was eine Anpassung an dieses rüde Liebesspiel sein könnte. Da das Männchen dabei „nur" zubeißt und nicht, wie beim Beutegreifen, den Kopf beutelt, kommt die fatale Wirkung der gezackten Zahnränder nicht zu tragen. Trotzdem gehen auch bei diesem Treiben immer wieder Zähne verloren. So könnte es über Jahrtausende zu der ungewöhnlichen Ansammlung an Zähnen in der Stotzinger Bucht gekommen sein.

Eine weniger pikante Interpretation hätte die Wale, Seekühe und Robben des miozänen Leithagebirges unangenehm betroffen. In den mit Seegraswiesen bewachsenen Buchten lebten zahlreiche Meeressäuger. Ein etwa sieben Meter langer Bartenwal, mehrere Delphinarten und eine große Seekuhart sind in den Ablagerungen des Leithagebirges bisher gefunden worden. Aus Stotzing selbst konnte der Sammler Gerhard Wanzenböck sogar Skelett-Teile eines kleinen Pottwales bergen. Die Stotzinger Bucht könnte also auch ein besonders beliebtes Jagdrevier der Haie gewesen sein. Dass man hier nur selten Knochen der potenziellen Hai-Opfer findet, ist nicht zwingend ein Gegenargument, da die Knochen durch das in den Sanden zirkulierende Grundwasser in vielen Fällen aufgelöst wurden. Ein Ausflug ins benachbarte Jagdrevier wäre für die Wiener *Megaselachus* jedenfalls nur ein kurzer „Haisprung" gewesen. Bei entsprechender Eile hätten die Tiere die rund 30 Kilometer zwischen Mauer und Stotzing wahrscheinlich in einer Stunde durchschwimmen können.

Im Wiener Meer verschwand *Megaselachus* schon im mittleren Miozän vor etwa 13 Millionen Jahren, als das Meer von den Ozeanen isoliert wurde. In den Weltmeeren überlebte er noch wesentlich länger und starb erst vor 2,6 Millionen Jahren mit dem Einsetzen der Eiszeit aus.

Die wahre Natur der Natternzungen

Fossile *Megaselachus*-Zähne finden sich in Wien nicht nur im Naturhistorischen Museum. Auf dem Maria-Theresien-Platz stehend, mit Blick auf die Hofburg, wird der Kunstliebhaber vielleicht eher zum rechten der beiden imperialen Museen tendieren, wo die Schätze des Kunsthistorischen Museums locken. Hier sind die riesigen Haizähne als Teil der sognannten Natternzungen-Kredenz versteckt. Im Mittelalter war die Natur dieser eigentümlichen Fossilien noch völlig unbekannt, und die Zähne wurden als versteinerte Nattern- oder Drachen-

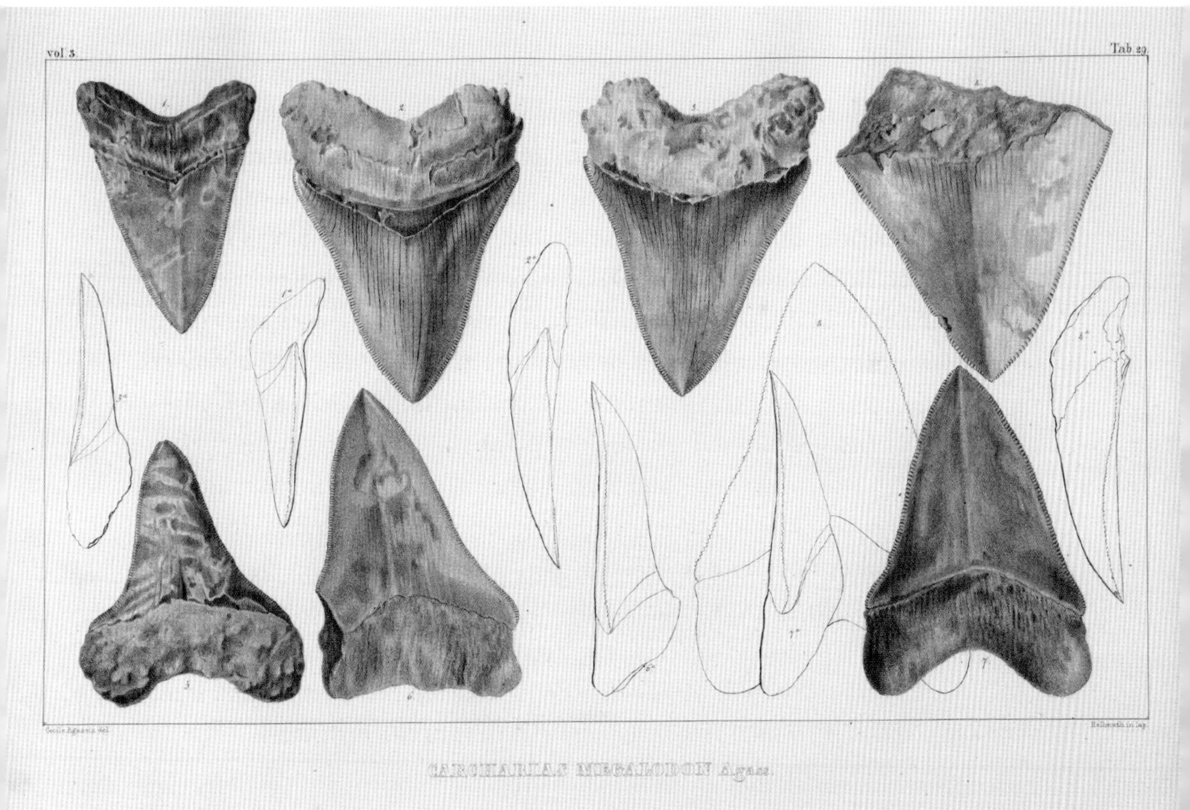

Louis Agassisz (1807-1873) benannte 1835 den riesigen Hai, von dem nur die Zähne bekannt waren, als Megalodon

zungen gedeutet. In der von magischem Denken geprägten Welt des Mittelalters wurde ihnen die Fähigkeit zugeschrieben, Gift in Nahrungsmitteln zu neutralisieren. An den Fürstenhöfen wurden daher eigene Tafelaufsätze entworfen, bei denen die Haizähne wie Zweige oder Früchte an einem Bäumchen in Gold gefasst montiert waren. Neben der auf etwa 1450 datierten Natternzungen-Kredenz der Wiener Kunstkammer befindet sich ein weiteres Wiener Exemplar in der Sammlung des Deutschen Ordens in der Wiener Singerstraße. Die dritte weltweit erhaltene Prunkkredenz ist im Grünen Gewölbe der Staatlichen Kunstsammlungen in Dresden ausgestellt.

Erst der dänische Naturforscher Nicolaus Steno interpretierte die Natternzungen korrekt als Haifischzähne und bildete 1667 zum Beweis die anatomische Zeichnung eines Haischädels ab – das Rätsel der Natternzungen war gelöst. Auf Steno, einen der Urväter der Geologie, geht auch das sogenannte Lagerungsgesetz zurück. Dieses besagt, dass tiefere Gesteinsschichten älter sind als darüber liegende. „No Na", wird heute jeder sagen, doch einmal muss es jemand aussprechen und niederschreiben. Und da das zu einer Zeit geschah, als noch alle an die Schöpfungsmythen nach der Überlieferung der Bibel glaubten, kann das Lagerungsgesetz gleichsam als Geburtsstunde und kopernikanische Wende der Geowissenschaften gesehen werden. Andere Mythen wie das Vorurteil, Haie wären blutrünstige Bestien, halten sich wesentlich hartnäckiger. Um hier – fast wie Nicolaus Steno – aufklärerisch zu wirken und um die „public awareness" für den nötigen Schutz der vielfach gefährdeten Haie zu steigern, sind selbst im Binnenland Österreich Naturschutz-Organisationen wie „Sharkproject Austria" und die „Sea Shepherds" aktiv. Sonst könnten bald einige der Haie aus der Zoologischen Sammlung des Naturhistorischen Museums als ausgestorbene Art in die Paläontologie wechseln.

Doch nicht immer waren Haie im Fokus der Naturschützer. In Kriegszeiten oder auch danach war man auch in Wien nicht zimperlich, wenn es darum ging, den Magen zu füllen. Das Überleben stand im Vordergrund, gegessen wurde, was auf den Tisch kam, notfalls hielt auch ein Haifisch als Ersatz für den Weihnachtskarpfen her.

Der Haifisch als Weihnachtskarpfen

Wer die „Neue Freie Presse" am 22. Dezember 1918 las, wusste, wo er Ersatz für einen Weihnachtskarpfen finden konnte:

„In der Großmarkthalle wurde heute als aparter Leckerbissen für den Weihnachtstisch Haifisch feilgeboten. Wien im Waffenstillstand kann es nachgerade bereits mit dem belagerten Paris aufnehmen, von dessen abenteuerlichen kulinarischen Auskunftsmitteln Francisque Sarcey so eindringlich und herzbewegend zu erzählen wußte. In entschwundenen Friedensjahren pflegte man hie und da zu hochsommerlicher Zeit Geschichten vom „gefräßigen Hai" zu vernehmen. Der Skeptiker des Binnenlandes war jedoch gemeinhin nicht übel geneigt, den Haifisch für einen nahen Verwandten der sagenhaften Seeschlange zu halten. Jetzt kehrt sich die Sache um: Die Gefräßigen sind wir, und der Haifisch wird zum Surrogat des fehlenden Weihnachtskarpfens. Was hat man alles über die verstockt konservativen Wiener und ihren reaktionären, Neuerungen feindlichen Magen zusammengeschimpft! Mit Recht und mit Unrecht. Wie unbesiegbar war das bodenständige Mißtrauen der einheimischen Beindlfleischenthusiasten vom Grund gegen das argentinische Gefrierfleisch und wie geschickt haben unsere Rostbratlbarone und ihre gemeinderätlichen Hintermänner es zu schüren verstanden! Die Kaninchenzüchter und Kaninchenesser galten als verbohrte Sonderlinge, und wer sich für Seefisch interessierte, kam in den Verdacht, den alten Steffel zu verleugnen, war jedenfalls nicht wert, in der Stadt der Gummiadler und des Fiakerliedes zu atmen. Wieviel Wasser haben wir alle seither in den unerschwinglichen Wein getan! Gewiß soll niemandem der Appetit

am Haifisch verdorben werden. Das Konversationslexikon belehrt uns, daß das Fleisch dieses Räubers der Meere, wie ihn die Schulbücherweisheit unserer Jugend anzusprechen beliebte, sehr zart und wohlschmeckend sei. Vorsichtigerweise wird die Bedingung beigefügt, daß der Haifisch noch nicht in den besseren Jahren stehen darf. Hoffen wir also, daß alle die achthundert Kilo, die heute in der Großmarkthalle verkauft wurden, von wahren Haifischbabys stammen. Übrigens werden bereits praktische Kochrezepte bekanntgegeben, und wenig fehlt zu der treuherzigen Versicherung, daß Haifisch mit Wruken dem gebackenen Karpfen mit Erdäpfelsalat bei weitem vorzuziehen sei. Wir sind längst nicht mehr aufgelegt, ‚guten Appetit' zu wünschen und für unseren persönlichen Gebrauch auf derlei wohlmeinende Ratschläge zu verzichten. Von allen Sprichwörtern ist gegenwärtig jenes das aktuellste, welches uns bescheinigt, daß niemand wisse, wovon er eigentlich fett werde. Wir denken über den Pferdefleischhauer anders, als wir es uns einmal haben träumen lassen, und vielleicht wird man sich demnächst um Haifisch anstellen. Hatte man bisher jemanden als einen Haifisch bezeichnet, so war damit kein Kompliment beabsichtigt. Der Haifisch war nämlich so etwas wie ein Kriegsgewinner unter Seinesgleichen. Er verzehrte, was ihm in den Weg kam. Kriegsgewinner übrigens auch in dem Sinne, als allen Ernstes behauptet wurde, der U-Boot-Krieg habe eine erstaunliche Vermehrung der Haifische mit sich gebracht. In diesem Augenblicke, da der Haifisch offiziell zur Approvisionierung Wiens gehört, wird man ihm und Seinesgleichen mit größerem Respekt begegnen müssen. Leuten, die man braucht, pflegt man manche Eigenheiten nachzusehen. Sollte uns aber wieder einmal ein guter Freund mit dem ausgelaugten Phäakenvorwurf kommen, dann werden wir ihm ein anderes bekanntes, allerdings entsprechend verändertes Schiller-Zitat entgegenhalten: ‚Und dräuend wiesen wir die grimmen Zähne, des entsetzlichen Hai, des Meeres Hyäne!'"

WOHIN MIT DEN VIELEN TOTEN?

Die Suche nach Wiener Friedhöfen

„Es ist nicht schwer vorauszusagen, dass auch der heutige Kreis von Friedhöfen bald als zu eng befunden werden wird." Diese Aussage des damals 31-jährigen Eduard Suess – seines Zeichens Geologe und späterer „Vater" der Ersten Wiener Hochquellenleitung – aus dem Jahr 1862 sollte sich bewahrheiten. Kaiser Joseph II. (1741–1790) hatte 1784 alle Friedhöfe, die sich innerhalb des Linienwalls, wie der Gürtel damals bezeichnet wurde, befanden, in die Vororte verbannt. Dass Wien ab Mitte des 19. Jahrhunderts eine rasante Entwicklung durchmachen sollte, konnte der Reformkaiser freilich nicht wissen. Die Bevölkerungszahl stieg rasant an und erreichte Werte wie heute in der Dritten und Vierten Welt. Dies belegen auf das heutige Stadtgebiet hochgerechnete Zahlen: Beim Abriss der Stadtmauern 1857 zählte man 683.000 Bewohner, 1880 waren es 1.162.591 und 1890 gar 1.430.213. Zur Jahrhundertwende wurde mit 1.769.137 Wienern das heutige Niveau erreicht.

Die Herausforderungen für die Stadtväter betrafen nicht nur die Versorgung mit Lebensnotwendigem wie Trinkwasser, Nahrung oder Wohnraum, sondern auch die Frage, wohin mit den Toten? Dazu notiert die Wiener Zeitung am 6. Dezember 1866 im Vorfeld der entscheidenden Gemeinderatsdebatte: „Die Friedhoffrage drängt im Gemeinderathe zur Entscheidung. Wiewohl partielle Erweiterungen der bestehenden Friedhöfe wiederholt vorgenommen wurden, so zeigten sich dieselben doch nur für kurze Zeit ausreichend gegenüber der Steigerung der Bevölkerung und der in den letzten Decennien ungewöhnlich stark vermehrten Zahl von eigenen Gräbern. Die gegenwärtigen Friedhöfe vor der St. Marxer Linie, der Matzleinsdorferlinie, der Hundsthurmerlinie, der Währingerlinie und vor der Lerchenfelderlinie bestehen seit dem Jahre 1784. Berücksichtigt man aber den Umstand, daß im Jahre 1784 die Gesamtzahl der Bevölkerung der Stadt und der Vorstädte sich nur auf 210.000 Seelen belief, worunter allerdings das Militär und die Geistlichkeit nicht mitgezählt ist, während heute die Wiener Bevölkerung auf 560.000 Seelen angewachsen ist; daß die Vorstädte sich so weit ausgebreitet haben, daß ein Theil der Friedhöfe denselben ganz nahe gerückt erscheint; daß die Sitten und Gewohnheiten gerade in Bezug auf Begräbnisse und Leichenbestattung andere geworden sind: so wird man kaum das dringende Bedürfniß zu einer Regelung dieser Angelegenheit in Abrede stellen können."

Eine wenig pietätvolle Sitzung der „Friedhof-Commission"

Am 7. Dezember 1866 beschloss der Gemeinderat die Anlage des Zentralfriedhofs. Die entscheidende Sitzung desselben unter dem Vorsitz von Bürgermeister Andreas Zelinka verlief beim Referat der „Friedhof-Commission", so ist der „Neuen Freien Presse" vom 8. Dezember zu entnehmen, phasenweise wenig pietätvoll. So polemisierte eines der Mitglieder „gegen die Ansicht, daß die Nähe von Friedhöfen gesundheitsgefährlich sei, und erzählt, daß in seinem Geburtsort trotz der Lage des Gottesackers im Centrum des Dorfes während der Cholera im Jahre 1831 Niemand gestorben sei. ‚Ich kann', sagt er zum Schluß seiner Rede, ‚nix behaupten, ich waß nix, und andere Leute, die glau-

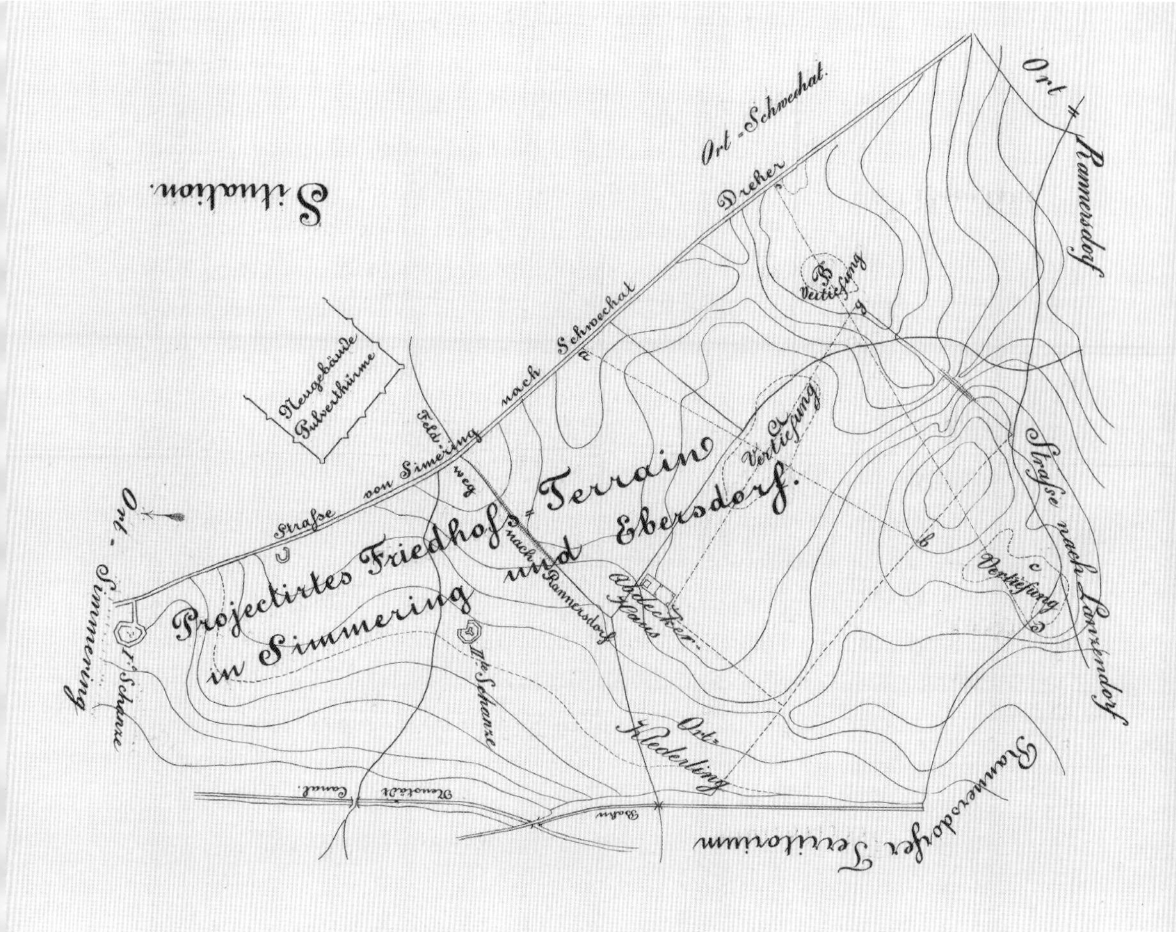

Lageplan des heutigen Zentralfriedhofs, der sich auf Grund der dicken Lössschicht als bester Standort der „offerirten Grundcomplexe" erwies

ben, daß sie was wissen, die wissen vielleicht auch nix.' (Schallendes Gelächter.)" Ein anderer Redner, der „augenscheinlich in gehobener Stimmung" war („Seine Augen glänzen, sein Gesicht ist geröthet, und während er von Leichen und Verwesung spricht, scheint seinem Munde durchaus kein Modergeruch zu entströmen"), hält „die Anlage eines neuen Friedhofes ‚von 300.000 Joch' (schallendes Gelächter) für durchaus nicht nothwendig, denn die Bevölkerung sei ja ‚nur' von 200.000 auf 500.000 Seelen gestiegen. (Gelächter.) Auch glaubt er, daß, wenn schon die Anlage eines Friedhofes außerhalb der Stadt erfolge, man noch weiter gehen und den Gottesacker etwa in eine Entfernung von 20 bis 30 Meilen verlegen könne. (Schallendes Gelächter.)".

Zwei zentrale Fragen rückten in den Fokus der Stadtväter: Wo konnte eine entsprechend große Fläche gefunden werden, und war diese Fläche für einen Friedhof auch geeignet?

Nach der Beschlussfassung spitzte sich die Lage in den Folgejahren zu, „wir benutzen bereits die Wege in den Friedhöfen", so der Stadtphysicus an die Mitglieder der Friedhofskommission („Neues Fremden-Blatt", 3. September 1869). Im Gespräch war auch eine Privatisierung. „Der Magistrat, so scheint es, neigt sich der Ansicht hin, daß man die Herrichtung von Friedhöfen der Privatindustrie überlassen möge. Also jedenfalls Friedhofsaktien." Die Kommission hatte Anfang September 1869 – offensichtlich nach längerer Zeit – wieder ein Grundstück, diesmal in Süßenbrunn besichtigt. Mitte September 1869 wird vom Kauf eines Grundstückes in Rannersdorf bei Schwechat für den geplanten Zentralfriedhof berichtet. Auch im Süden Wiens gab es Intentionen, wie „Das Vaterland" vom 28. Oktober 1869 schreibt. Hier wird erwähnt, dass die Friedhofsfrage in Biedermannsdorf ins Stocken geriet: „Die Gemeinde Guntramsdorf will sich aber zu keinerlei Grundabtretung herbeilassen. Uebrigens dürften gegen die Verlegung des Wiener Monstre-Friedhofes in diese Gegend sich wohl auch noch andere gewichtige Rücksichten geltend machen. Der neue Centralfriedhof würde nämlich zwischen Neudorf (Wiener Neudorf) und dem kaiserlichen Lustschloß Laxenburg und seinem ausgedehnten Park zu liegen kommen. Wird es sich der allerhöchste kaiserliche Hof gefallen lassen müssen, daß das Leichen-Miasma, welches aus dem hier so lockern

Friedhofboden massenhaft ausströmen muß, dem Lieblingsaufenthalt des Kaisers zugetrieben wird?"

Damit wurde die Frage nach der Eignung des Standortes zentral angesprochen. Denn nicht alleine die Größe des Grundstückes und die Erreichbarkeit, sondern vor allem die Untergrundeigenschaften des Bodens sind bei der Errichtung eines Friedhofes von essentiellem Interesse. An oberster Stelle ist die Grundwasserfrage zu nennen. Wenn nur die geringste Gefahr einer Verunreinigung durch Verwesungsprodukte besteht, ist die Anlage eines Friedhofs unter keinen Umständen möglich. Weitere wünschenswerte Parameter sind – vor allem aus Sicht der Totengräber – die Festigkeit des Bodens. Auch günstige Voraussetzungen für das „Anpflanzen von Bäumen und Gesträuchen" – ein Desiderat der Friedhofsgärtner – wurde immer wieder als zusätzliches Argument genannt.

Ein Gutachten zur Bodenbeschaffenheit

Um die Punkte zu klären, hatte der Magistrat der Stadt Wien am 5. Oktober 1869 ein vierteiliges „Gutachten über die Bodenbeschaffenheit der zu Friedhofszwecken offerirten Grundcomplexe bei Kaiser-Ebersdorf, Rannersdorf, Pellendorf, Oberlaa, Unterlaa, Vösendorf, Biedermannsdorf und Neudorf" in Auftrag gegeben. Gutachter waren unter anderem die Geologen der k. k. Geologischen Reichsanstalt, Dionysos Stur und Franz Foetterle. Beide arbeiteten rasch, bereits am 18. Oktober schreibt Stur an das Hohe Gemeinderaths-Präsidium der Haupt- und Residenzstadt zusammenfassend: „Soweit meine Untersuchungen reichen, stellte sich heraus, daß die offerirten Territorien bei Gutenhof, Himberg und Pellendorf nicht geeignet, die bei Rannersdorf und Kaiser-Ebersdorf günstigere Verhältnisse des Untergrundes darbieten." Hier kommen auch die beiden Stadtphysiker, namentlich Doktor Eduard Nusser und Doktor Franz Innhauser, sowie der Spitalsdirektor Doktor Adolf Hoffmann zu

Wort. Sie alle schließen sich der Geologenmeinung an und ergänzen Bemerkungen: „In Beziehung auf die Leichtigkeit der Verwesung dürfte der Grundkomplex von Kaiser-Ebersdorf aus dem Grunde einen Vorzug verdienen, weil der größere Gehalt des Lößes an Sand die Verwesung nach den auf den Wiener Friedhöfen Währing und St. Marx, wo ebenfalls Löß vorhanden ist, gemachten Erfahrungen besser vor sich gehen läßt, da hiedurch auch das Durchsickern der meteorischen Wässer in die unteren Sandschichten erleichtert wird."

Löss garantiert rasche Verwesung und schützt das Grundwasser

Löss, jenem porösen, von eiszeitlichem Wind verwehten, ockerfarbigen Sediment, das auch Winzer für ihre Weinstöcke sehr schätzen, wurde von Stur höchste Noten verliehen. Weil er etwa „in der Art eines Filtrums alle Feuchtigkeit aufsaugt und somit auf die Leiche austrocknend wirken wird." Auch beim Graben der Gräber „ohne alle Vorrichtungen" ist Löss erste Wahl. Es lassen sich hier Gräber „im Vorrath" herstellen, so Stur. Sturs Ausführungen geben Einblick in die Gepflogenheiten der damaligen Zeit, wonach die Gräber über längere Zeit offen belassen wurden und so Quellen übelriechender Miasmen darstellten.

Man entschied sich für den zwei Quadratkilometer großen Standort Kaiser-Ebersdorf mit der heutigen Adresse Simmeringer Hauptstraße 232–244 im 11. Bezirk. Am 1. November 1874, fast genau acht Jahre nach der Beschlussfassung, erfolgte die Eröffnung. Heute bietet der Zentralfriedhof Platz für rund 330.000 Gräber. Totengräber benötigen wenige Stunden für das Ausheben eines einfachen Grabes (2,20 m Länge, 80 cm Breite und 2,70 m Tiefe), die Verwesung erfolgt in der Regel binnen zehn Jahren. Somit wird im Untergrund immer wieder neuer Platz frei. Das ist auch notwendig, denn täglich finden hier zwischen 20 und 25 Beerdigungen statt. Bäume und Sträucher gedeihen bestens, und Grundwasserkontaminationen sind dank der dicken Lössschicht auch keine bekannt.

„... der Grundcomplex im Tullnerfelde ..."

Geriet die Stadt Wien Ende der 1860er Jahre bei der Friedhofsfrage beinahe in Verzug, plante man 1895 vorausschauend. Einem Zufallsfund im Archiv der Geologischen Bundesanstalt ist ein Gutachten zu verdanken, das am 16. August 1895 von der Stadt Wien bei der k. k. Geologischen Reichsanstalt in Auftrag geben worden war. Man fragte nach, „ob der Grundcomplex im Tullnerfelde zwischen den Straßenzügen Tulln–Königstetten, Tulln–Staasdorf beziehungsweise Nitzing nach seiner geologischen Beschaffenheit zur Anlage eines großen Friedhofes für die Stadt Wien in Aussicht genommen werden könnte." Hier überrascht die Entfernung: Rund 24,5 Kilometer Luftlinie vom Zentrum Wiens, zum Zentralfriedhof sind es bescheidene acht Kilometer. Was man suchte, war eine dicke Lösslage, doch die ließ sich bei der raschen Beurteilung nicht finden, umfangreichere Untersuchungen wären notwendig gewesen: „Wenn möglich wäre, was nicht sehr wahrscheinlich ist, auf der projektirten Dreiecksfläche eine ausgedehntere Partie zu finden, wo die eben erwähnte Lösslage eine größere Mächtigkeit erlangt (zumindest die Mächtigkeit der doppelten Grabsteine), dann würden sich die Chancen des Projektes allerdings wesentlich günstiger gestalten. Zu diesem Zwecke müßte man, da natürlich Auf-

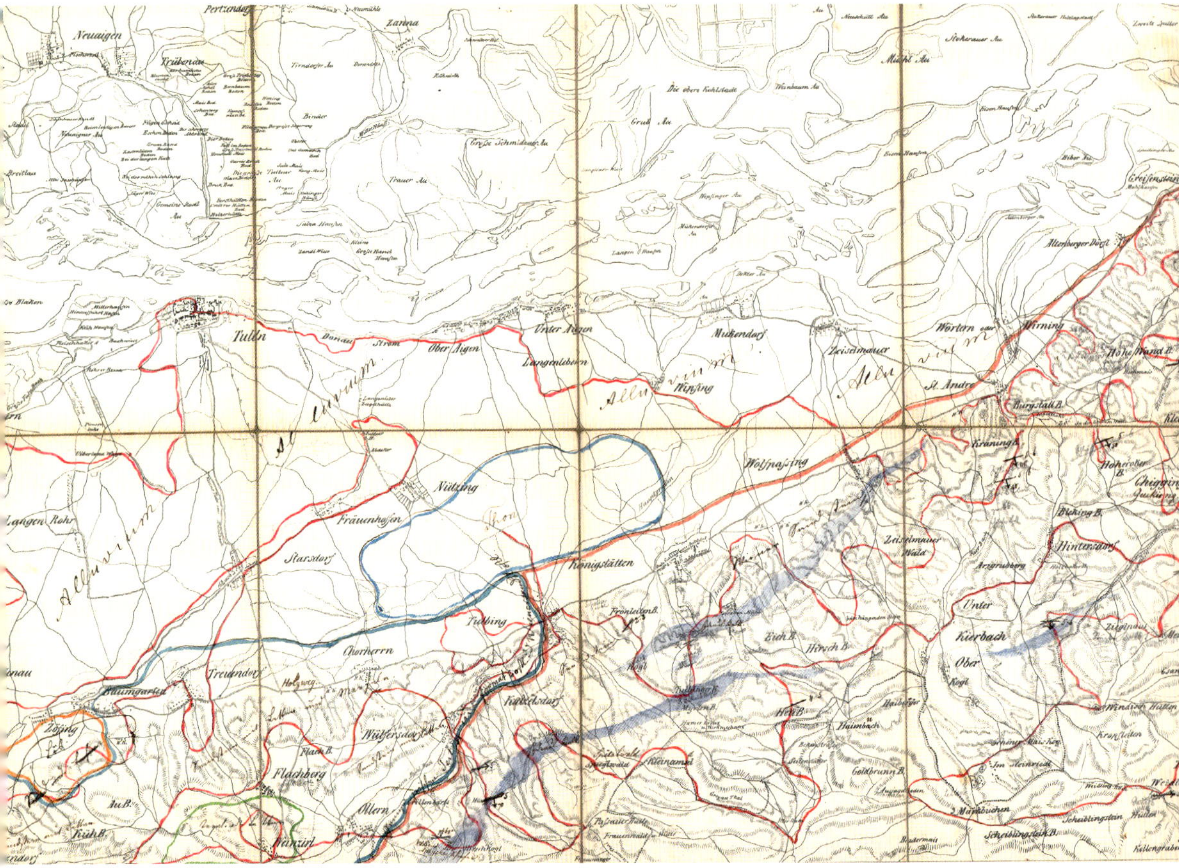

Südlich Tulln: ein nie realisierter Standort für ein Wiener Friedhofsprojekt des Jahres 1895

schlüße sehr mangeln, durch künstliche Grabungen zur Tiefe von mindestens 3 Met. das Feld genau untersuchen." Das Hauptproblem stellte das dort von Natur aus in geringen Tiefen vorkommende Grundwasser dar, das bei den immer wiederkehrenden Donauhochwassern zur Flutung der Gräber geführt hätte. Dazu der Geologe im Originalwortlaut: „Wie eine Hochwassermarke aus jüngerer Zeit, die dem Gefertigten in Langenlebarn (bei der Landungsstelle der Kähne) gezeigt wurde, beweist, erreichen größere Hochwässer das Niveau des Tullnerfeldes, somit der zurückgestaute Grundwasserstand die Tagesoberfläche der Schotterebene. Ein Grab mag also hier noch so seicht gelegt werden, es wird zu Zeiten der Hochwässer sicher inumdirt." Die Folgen für die Hausbrunnen wären katastrophal gewesen. „Selbstverständlich würden dann bei der erwähnten Grundwasserbewegung die Hausbrunnen von Langenlebarn in erster Linie der Gefahr einer Infection ausgesetzt, ein Umstand, der besonders zu Zeiten von Epidemien von Bedeutung wird ebenso wie die lockere Beschaffenheit des Schottergrundes, der keinem besonders diefen Verschluß der Gräber abgeben würde." Freilich gibt es kaum einen Nachteil ohne Vorteil. Auch der sei hier genannt, um zu zeigen, wie vielschichtig die Aspekte der Friedhofsgeologie sind: „Dagegen wäre zu erwarten, daß der Verwesungsproceß in den lockeren Stollengruben ziemlich rasch vor sich ginge, auch wäre die Aushebung der Gräber eine leichte und die Qualification des Bodens zu Baumculturen und Anlagen eine ausreichend geeignete."

Die Wiener können sich glücklich schätzen, dass all die genannten Argumente des Gutachters Michael Vacek dazu führten, dieses Projekt nicht weiter zu verfolgen, denn sonst müsste man möglicherweise zu Allerheiligen ins Tullnerfeld fahren …

WIEN HAT DIE GURKEN

Aspekte eines ungewöhnlichen Rekords

Dass Wien Walzermetropole ist, wissen wir längst. Den Dreivierteltakt hat der Wiener im Blut, ebenso wie den Schmäh und die Liebe zum Tod. Dass Wien in den letzten Jahren ohne Unterbrechung zur lebenswertesten Stadt weltweit gekürt wurde, macht stolz. Doch dass 60,9 % aller Gurken Österreichs aus Wien kommen, wussten wir noch nicht. Wien ist zwar anders, doch damit haben wir nicht gerechnet – und forschen nach.

„Mein Urgroßvater ist im 19. Jahrhundert aus dem Waldviertel gekommen und hat hier in Simmering Gemüse angebaut", blickt Karl Kasehs zurück. Zusammen mit seiner Frau Monika ist Herr Kasehs heute einer jener Gärtner, die Wien und halb Österreich mit Gurken versorgen. Konkret wachsen pro Jahr rund 63 Millionen Stück Gurken in Wien. Der Gemüseanbau wurde in den letzten Jahren derart spezialisiert, dass so gut wie jeder der rund 100 Wiener Gärtner nur mehr eine Gemüseart anbaut. Den Hauptanteil machen Gurken aus, gefolgt von Paprika und Tomaten. Karl Kasehs hat sich auf Salatgurken spezialisiert, hier macht ihm keiner was vor. Er baut in seinen Glashäusern, gleich hinter seinem Haus in der Hörtengasse, zweimal im Jahr Salatgurken an. Anfang Februar ist es erstmals soweit. Die Samenkörner, die – wer würde es ahnen? – nach Stück gehandelt werden, sind bereits

Gurken als botanisches Kleinod neben edlen Rosen

eine Woche nach der Aussaat so weit, dass sie mit 2 bis 4 Blättern pikiert, also vereinzelt werden können. Die Gurkensorte erster Wahl nennt sich Proloog F1, heimischer Vertriebspartner ist die Firma Austrosaat. Proloog F1 hat 34 bis 37 cm lange, glatte bis leicht geriefte Früchte, ist ideal für kontinuierliche Sommer- und Herbsternten, gut lagerfähig, eignet sich in gleicher Weise für Pflanzungen im frühen und späten Frühjahr wie auch im Herbst, hat hohe Resistenz gegen Gurkenkrätze und mittlere Resistenz gegen Echten Mehltau. Gärtnerherz, was willst du mehr? Noch ein paar Zahlen, um das Gurkenbild abzurunden: Für 1.000 Gurkenpflänzchen werden 1.100 Samenkörner gepflanzt; 1.000 Samenkörner wiegen rund 20 bis 30 Gramm.

Wiener Gurken: perfekte Wuchsbedingungen

Die kleinen Pflanzen werden manuell in zirka 10 x 10 x 10 cm große Würfel aus Torf gepflanzt. Diese sind wiederum auf langen Torfmatten platziert. „Torf produziert Eigenwärme und ist nährstoffreich", weiß der Gärtner die Vorteile des Substrats zu schätzen. Pro Quadratmeter sind 1,5 Pflanzen optimal; würde man sie dichter pflanzen, stünde ihnen nicht der nötige Platz und das erforderliche Licht zur Verfügung, um optimal zu gedeihen.

Damit die ersten Gurken rund vier Wochen nach dem Auspflanzen geerntet werden können, muss alles passen: Licht für Photosynthese, Wärme und Nährstoffe. Bei der Wärme hat Wien mit seinem pannonischen Klima einen Heimvorteil. Wenn am Beginn des Jahres oder gegen Ende der Saison thermische Nachhilfe nötig ist, springt das Kraftwerk Simmering, gleich ums Eck', ein. So gesehen ist der Begriff der Fernwärme für das rund 50° heiße Wasser, das durch die schwarzen Schläuche der Gurkenfelder am Boden rinnt, fast übertrieben, „Nahwärme" wäre passender. Mit rund 20° rinnt das Wasser zurück. Die Gärtner haben gelernt, Energie effizient einzusetzen. Hatte man früher Heizstrahler oder Radiatoren zur Wärmeabgabe, genügen jetzt lose Plastikschläuche, die direkt unter den Pflanzen liegen. Da Wärme aufsteigt, kommt sie punktgenau dorthin, wo sie die Pflanze braucht. Auch das Wasser hat keinen weiten Weg. Die tiefen Lagen von Kaiserebersdorf mit den Kiesen der Praterterrasse haben einen hydrogeologischen Bonus: Das Grundwasser ist bereits in zwei Meter Tiefe anzutreffen und muss nicht weit gepumpt werden. Salatgurken hatten es hier schon immer gut. Der Großvater von Herrn Kasehs baute noch, wie alle anderen damals auch, ein buntes Gemüsespektrum im Freiland an. Gurken reiften am Boden liegend und waren auf der Unterseite gelb gefärbt. Verkauft wurde in Eigenregie am Naschmarkt, die legendären Naschmarktweiber mit ihrem herben Schmäh sind heute noch ein Begriff. Diese Zeit ist längst Geschichte, der Naschmarkt wurde in den letzten Jahren zur Gourmetmeile umgestaltet. Und wenn zwischen Sushi, Paella und Kebab da und dort doch noch Obst und Gemüse verkauft wird, dann spricht man hier viele Sprachen, unter anderem Wienerisch.

Gurkenzucht, bestens optimiert

Zurück zu den Gurken: Nach der Freilandkultur war der nächste Schritt die Zucht in Mistbeeten, hier konnten die Pflanzen abgedeckt werden, und so war es möglich, einen Vorsprung in der Vegetationszeit herauszuarbeiten. Es folgten Glashäuser und allerlei Experimente in Sachen Gurkenaufzucht. In den 1970er Jahren war hier alles schon nahezu perfekt. Heute wird *Cucumis sativus* (Linné), so der botanische Name, auf zwei Meter langen Schnüren vertikal gezogen. Im Abstand von 50 cm windet sich das Gurkengrün empor. Ist der Haupttrieb oben angekommen, wird er abgeschnitten. Zwei Seitentriebe wachsen links und rechts nach unten und tragen dann ebenfalls Gurken. Zwischen den langen Zeilen ist mit einem Meter Platz genug Raum für Pflege und Ernte. Geerntet wird ab Anfang März jeden zweiten Tag in der Früh. Im Schnitt trägt jede Pflanze 25 Gurken mit 400 bis 500 Gramm pro Stück. Mitte Juni hat sich der Ertragsreichtum der ersten Generation an Gurkenpflanzen erschöpft, die zweite wurde schon angepflanzt und trägt bis Mitte oder Ende Oktober. Allerdings, wenn die Tage kürzer und die Nächte kühler werden, dauert es auch länger, bis die Gurken die gewünschte Länge von rund 30cm erreicht haben. Sind die Gurkenpflanzen nicht mehr ertragreich, werden sie kurz über dem Torfwürfel abgeschnitten. Das Gurkengrün wird dann von der „48er", der Magistratsabteilung, kurz MA 48 (Abfallwirtschaft, Straßenreinigung und Fuhrpark), ins Kompostwerk Lobau gebracht. Die Schnüre bleiben hängen und werden ebenso wie die Torfmatten im nächsten Jahr wieder genutzt. Die Torfwürfel werden der Bodenverbesserung zugeführt. Freilich, ein paar weitere Maßnahmen sind für eine ertragreiche Ernte schon noch vonnöten – Dünger darf nicht fehlen. Kalium sorgt für die Fruchtbildung, Stickstoff für das vegetative Wachstum.

Trotz der oben genannten Resistenzen von Proloog F1 sind Gurkenbauern nicht gefeit vor Schädlingen. Einer der gefürchteten Feinde ist der kalifornische Blütenthrips (*Frankliniella occidentalis*). Dieses winzige, nur 1 bis 2 mm lange Insekt aus der Gruppe der Fransenflügler sticht mit den Borsten Pflanzenzellen an und saugt sie aus. Doch nicht nur das, Thripse können auch Viren übertragen. Werden junge Gurken befallen, so verkrüppeln sie. Das Resultat ist das gefürchtete Ringelschwanzsyndrom. Gekrümmte Gurken sind – in Anbetracht der zwar heute nicht mehr aufrechten, aber im allgemeinen Bewusstsein noch tief verankerten EU-Verordnung zur Festsetzung von Qualitätsnormen für Gurken, deren höchstes Ziel die wohlgeformte Gurke war – ein Supergau.

Doch die Natur weiß sich zu helfen, denn wo Schädlinge sind, da gibt es in der Regel auch natürliche Feinde der bösen Tierchen, die Nützlinge. Des Gärtners Rettung sind Raubmilben, konkret die Spezies *Amblyseius cucumeris*. Sie messen ausgewachsen einen halben Milli-

meter, sind rotbraun gefärbt, sehr beweglich und haben eine Vorliebe für *Frankliniella occidentalis*.
Die Gurken wachsen also in Wien, auch ohne gespritzt zu werden, eifrig und naturnah auf. Die Schale, in der die meisten Mineral- und Nährstoffe sitzen, ist zum Verzehr geeignet, ja, sogar empfohlen.

Kulinarische Gurkenkoordinaten

Und so mag es nicht verwundern, dass alle auf die Wiener Gurken stolz sind. Die Landwirtschaftskammer Wien preist die Wiener Gurke: „Sie liebt die griechische Küche und fühlt sich wohl gemeinsam mit Joghurt, Olivenöl und Knoblauch. Als Salat, Beilage zu Fischgerichten oder an Grillabenden ist sie gern gesehener Gast.". Die „LGV-Frischgemüse", eine 1946 gegründete, nicht-gewinnorientierte Genossenschaft, an der mehr als 100 Wiener Gärtnerfamilien beteiligt sind, liefert auch gleich ein Rezept für Gurkensalat nach Wiener Art: Man nehme zwei Gurken, vier Knoblauchzehen, 30 ml Essig, 40 ml Öl, einen Teelöffel Salz und zwei Teelöffel Zucker. Die Gurken werden bei dieser Variante geschält, fein gehobelt, mit Salz vermischt und frühestens nach einer Viertelstunde mit der Hand ausgepresst. Das Gurkenwasser wird entfernt oder getrunken (nach einem Selbstversuch wissen wir, dass es ganz gut schmeckt). Aus den fein gehackten Knoblauchzehen wird mit Essig, Öl, Zucker und dem restlichen Salz eine Marinade angerührt und diese unter die Gurken gemischt. Zum Schluss menge man noch ein wenig Pfeffer zum Abschmecken ein. Im Rezept wird der Tipp notiert, den Gurkensalat vor dem Servieren ein paar Stunden ziehen zu lassen. Dazu empfehlen wir – nicht nur, weil wir in Wien sind – Wiener Schnitzel, diese Kombination ist seit Jahrhunderten ein Klassiker.
Wer weder Zeit noch Muße für die Zubereitung von Gurkensalat hat, für den hat der nimmermüde Journalist Hademar Bankhofer einen

Tipp: „Wenn Sie nach einer anstrengenden Radtour oder Wanderung in eine rohe Gurke beißen, werden Sie sich schnell wieder fit fühlen."

Gilt es, die Bedeutung der Gurken im 19. und frühen 20. Jahrhundert zu ergründen, empfehlen sich Speisekarten und Menüvorschläge aus der jeweiligen Zeit. Der Leserbrief eines Besuchers der Wiener Weltausstellung, der in der „Presse" vom 2. Mai 1873 veröffentlicht wurde, gibt Einblick in die Preisgestaltung auf der Weltausstellung. Auch die Auswahl der Speisen und Getränke ist durchaus interessant. Zur Orientierung: Die Morgenausgabe der „Presse" kostete damals 6 Kreuzer (kr.). „Ich will mit dem Pilsner Brauhaus den Anfang machen und einige Preise notiren. So kostet ein Schinken mit Aspik 70 kr. eine Portion Salami 70 kr., ein garnirtes Rindfleisch 80 kr., ein Rostbeef 70 kr., ein Lungenbraten 70 kr., ein Lamms- Kalbs- oder Schweinsbraten 70 kr., ein Wiener Schnitzel 90 kr., ein Gurkensalat 50 kr., ein Aepfelstrudel 40 kr., ein Krügel Lager 20 kr. Ich glaube, Herr Redacteur, Sie werden diese und ähnliche Mittheilungen im Interesse Ihrer Leser finden."

Heute findet man in Lokalen eher gemischten Salat oder Erdäpfel mit Vogerlsalat als Gurkensalat. Dieser wird um 1873 noch als einzige Zuspeise angeführt, was seine einstige Bedeutung eindrucksvoll unterstreicht. Auch in den satirischen „Jörgel Briefen" wird in der Ausgabe vom 23. November 1889 angesichts einer gastronomischen Beschreibung der Lokale rund um die Freyung in der Inneren Stadt der Gurkensalat gewürdigt: „Da gab es Bretterhütten, in welchen der Herd knapp neben dem Gasttisch stand und die sich ablösenden Düfte von den brodelnden Töpfen der Lieblingsspeisen der Wiener – riesige Knödeln mit Gurkensalat oder tüchtige Stücke geselchtes Fleisch – bekamen".

Schon damals wollte man verständlicherweise die Gurkenzucht nicht dem Zufall überlassen und war stets um Optimierung bemüht. Einer der Hoffnungsträger im ausgehenden 19. Jahrhundert war die japanische Klettergurke, die ein Gärtner aus Halle an der Saale nach Deutschland brachte. Unsere Nachbarn zogen sie, so schreibt die „Wiener Zeitung“ am 3. April 1892, „theils an der Planke, theils am freien Spalier, beides mit bestem Erfolge.“ Auch die japanische Gurke benötigte einen guten Boden mit verrottetem Stallmist und einen warmen Standort. Unter diesen Bedingungen wuchs sie zwei Meter, „trieb kräftige, saftgrüne Blätter und setzte viele Blüthen und Früchte an, und zwar so lange, bis die October-Fröste die Blätter kräuseln machten. Die walzenförmigen Früchte waren bis 30 Centimeter lang, alle gesund, saftiggrün und in der Reife tief orangegelb, eine Zierde des Gartens.“ Empfohlen wurde die Aussaat in Reihen mit einem Meter Abstand und Versuche im Mistbeet zur Frühzucht.

Auch unsere tschechischen Nachbarn liebten die Kombination Schnitzel mit Gurkensalat, wie dem „Prager Abendblatt“ am 4. Juli 1914 zu entnehmen ist. Hier wird für den Donnerstag Champignonsuppe, Wiener Schnitzel mit Gurkensalat sowie Käse zum Abschluss empfohlen. Am Sonntag stand Spargelbohnensuppe, italienischer Aal, Gänsebraten mit gesulztem Salat und Kakaogefrorenes mit kleinem Gebäck auf dem Speisezettel. Auch in der Zeit der Ersten Republik begeisterten sich die heißhungrigen Roten Falken aus Floridsdorf bei einem Lager in Gloggnitz für diesen kulinarischen Klassiker, wie das „Kleine Blatt“ am 27. August 1931 zitiert: „Aber Frau Lagermama hat mit unserem großen Appetit gerechnet und tischte uns nun ihre Kochkunst auf: eine fabelhafte Suppe, dann was Feines, da rann uns das Wasser im Munde zusammen, echte Wiener Schnitzel mit Kartoffeln und Gurkensalat! Hei, das war ein Schmaus.“

Bei all den Vorzügen, die heute Wiener Gurken haben, so sind im Wienerischen mit dem Begriff der Gurke auch negative Aspekte verbunden. Wer „die Gurke hat“, hat das Nachsehen, den Schwarzen Peter oder einfach Pech. Wenn im Fußball der Tormann ein Gurkerl bekommt, so schießt ihm ein Gegner den Ball zwischen den Beinen durch, was meist zum Tor führt, also wiederum Pech bedeutet – dazu noch große Schmach für den Tormann. Dafür gibt es prominente Beispiele wie das glücklose Spiel der österreichischen Nationalmannschaft im Rahmen der WM-Qualifikation gegen Irland am 12. November 2016 im heimischen Happel-Stadion. Der „Kurier" schrieb am nächsten Tag über die 48. Minute: „Und dann ging alles ganz schnell: James McClean kam über links und Klein allein vors Tor, machte die Augen zu und knallte drauf los. Torhüter Özcan bekam den Ball durch die Beine. 0:1." Dabei sollte es dann auch bleiben. Folgerichtig brachte die „Presse" die Sache auf den Punkt: „Die WM, ein frommer Wunsch".

Diese typisch wienerische Metapher der Gurken ist nur eine von vielen, wertschätzend sind die wenigsten, manche nicht einmal jugendfrei.

WIEN IST AUF DEN HUND GEKOMMEN

Kynologische Kuriositäten und Realitäten

Wer in Wien ein Hund ist, hat's gut, hier ist Hunden höchste mediale Aufmerksamkeit garantiert. 16-Bogen-Plakate für Hundekot werden nur in Wien affichiert, „Nimm ein Sackerl für mein Gackerl" auf 30.000 Wiesensteckern, die einen Dackel mit treuherzigem Dackelblick zeigen, das ist typisch Wien. Die breit angelegte Kampagne soll garantieren, dass bei der Entsorgung kynologischer Stoffwechselprodukte nichts liegen bleibt. Die Wiesenstecker zählen zu den beliebtesten Sammelobjekten Wiens. Da der Erfolg der Kampagne nicht nur an der Anzahl der entwendeten Wiesenstecker gemessen werden kann, werden in Wiener Abfallkörben Hundekotsackerln gezählt: Das Mistkübel-Monitoring ergab, dass im Jahr 2015 unglaubliche 59.700 Hundekot-Sackerl pro Tag verwendet wurden. Man könnte meinen, dass angesichts dieser Zahl keine Hundstrümmerln mehr herumliegen. Die Realität sieht freilich anders aus. Demzufolge werden Jahr für Jahr mehr und mehr Hundekotsackerl-Spender aufgestellt, die auch in die Statistik einfließen. Wer kann es einem verübeln, wenn man angesichts dieser Tatsachen an den Slogan einer großen heimischen Versicherung – „Ihre Sorgen möchten wir haben!" – erinnert wird.

Hunde – ein sanitäres Problem

Die Causa Hundekot ist keineswegs nur ein Thema unserer Tage. Man erinnere sich, dass in den 1990er Jahren der legendäre Wiener Bürgermeister Helmut Zilk (SPÖ) den ÖVP-Gemeinderat Franz Karl mit dieser Problematik als „Hundstrümmerl-Beauftragten" befasste. Schlagzeilen wie auch Inserate und Berichte gab es schon zu Kaisers Zeiten.

Längst vergessen ist hingegen die nutzbringende Verwendung von Hundekot für die Gerberei. Noch 1895 inserierten die Gebrüder Klein in der Kleinen Mohrengasse Nummer 3: „Hundekoth wird in größeren Partien gekauft." Man benötigte die tierischen Exkremente zum Durchweichen bei der Weißgerberei. Dies geschah, wie das „Polytechnische Journal" von 1866 vermittelte, „theils durch wiederholtes Auswässern und Ausstreichen mit der Klinge, theils auf chemischem Wege durch Kleienbeize oder durch Bäder von Hundekoth oder Vogelexcrementen." Alleine die Namen im dritten Bezirk – Weißgerberlände und Weißgerberviertel – erinnern heute noch an dieses Gewerbe.

Um die Verunreinigung der Straßen durch Hunde und den damit verbundenen Mehraufwand bei der Reinigung in den Griff zu bekommen, setzte man auf das Zauberwort Hundesteuer, die ab dem 1. April 1869 eingeführt wurde. Ein Leserbriefschreiber schildert die Lage in einem Schreiben am 1. Mai 1915 in der „Neuen Freien Presse": „Bei uns in Wien werden die Hunde auf die Gasse geführt, um da ihre Bedürfnisse zu erledigen. Zumeist sind es Dienstmädchen, die die Hunde beaufsichtigen; sie führen die Hunde aber nicht auf die Fahrbahn, denn das wäre wegen des Auto- und Wagenverkehrs gefährlich, sondern sie bleiben mit dem Tier auf dem Gehsteig, der ohnehin manchmal recht schmal ist; auf dem legen nun die Hunde die Exkremente ab. Das bedeutet aber nicht nur eine ekelhafte Verunreinigung, sondern auch eine sanitäre Gefahr. Wäre es nicht angezeigt, die Steuer für jeden

Hund in Wien wenigstens innerhalb der alten neun Bezirke auf einen so hohen Betrag zu erhöhen, daß von ihrem Erträgnis die Gehsteige täglich mehreremale gereinigt werden könnten?“ Im Vergleich zu heute hat sich am Verhalten der Hunde wenig geändert, verschwunden sind die Dienstmädchen, hinzugekommen sind die oben erwähnten Hundekotsackerln. Zwischenzeitlich gab es auch im 21. Jahrhundert Versuche, Hunde dazu zu bewegen, bestimmte Platzerln bevorzugt aufzusuchen; hier durften Hundehalter die Ausscheidungen ihrer Lieblinge ohne Strafe liegen lassen, die zuständige Magistratsabteilung 48 hatte die Aufgabe, die Exkremente wegzuspülen. Der im Oktober 2004 gestartete Versuch der „Leopoldstädter Gassiplatzerl“ scheiterte nach mehreren Jahren aus verschiedenen Gründen. Am Volkertmarkt etwa benötigte der Bus 5 B mehr Platz, um von der Rueppgasse einbiegen zu können, die hohen Bügel der Abgrenzungen des Gassiplatzerls waren hier im Weg.

Hunde: auf in die (Leopold-)Stadt!

Trotz alledem, wenn ein Hund die Wahl hat, wo er wohnen möchte, sei ihm – man würde es nicht glauben – die Stadt empfohlen. Der Verhaltensbiologe Kurt Kotrschal, Experte, wenn es um das Verhältnis Wolf, Hund und Mensch geht, antwortet auf die Frage „Stadt oder Land?“ in einem Interview der Tageszeitung „Der Standard“ vom September 2016 unmissverständlich: „Hunde gehören in die Stadt. Natürlich ist es auf dem Land auch gut, aber Hunde in der Stadt haben meist insofern ein besseres Leben, als ihre Halter zweimal pro Tag mit ihnen ausführlich etwas unternehmen. Also, wenn ein Halter entsprechend agiert, hat ein Hund in der Stadt ein ziemlich gutes Ambiente“ Was Wien betrifft, sei Hunden die Leopoldstadt ans Herz gelegt. Hier gibt’s den meisten Auslauf für die per Stichtag 1. September 2016 insgesamt 55.800 in Wien registrierten Vierbeiner. Dank der weiten Grünflächen des Praters hat,

statistisch gesehen, jeder der 2.538 Leopoldstädter Hunde 145,6 m² Auslauf. Das sind 1,9 % der Fläche des Bezirks nur für Hunde! Die ärmsten Hunde sind jene im dicht verbauten Neubau. Hier im siebten Bezirk kommen Dogge wie Rehrattler nur auf 1,1 m² pro Hundeschnauze. Freilich, immer hatten es die Hunde im Prater nicht so gut. In der Mitte des 19. Jahrhunderts, als der Prater zwar schon lange für die Wiener geöffnet war, Ihre Majestäten aber immer noch jagten, wurden streunende Hunde sang- und klanglos erschossen. „Die k. k. oberste Polizeibehörde gibt wiederholt bekannt, daß das Mitnehmen von Jagdhunden in den Prater nicht gestattet wird. Jagd- oder andere größere Hunde, welche den Prater betreten, werden durch das k. k. Jagdpersonale erschossen, wenn dies ohne Gefahr und Aufsehen geschehen kann", heißt es im „Fremden-Blatt" vom 9. November 1852.
Hunde waren einst auch im Prater an der Leine zu führen, und zwar ausnahmslos und überall, nicht nur in der Hauptallee. Einmal mehr wurde dies in den 1920er Jahren eingefordert. Bei Nichtbefolgung drohten polizeiliche Strafen. Die Gründe waren vielfältiger Natur, zum einen war es die Beschädigung der Wiesen, zum anderen die Tollwut, die früher ein weitaus größeres Problem darstellte als heute. Der Bezirksvorsteher des neunten Bezirks, Josef Schober (1874–1960), brachte die Hundesorgen seiner Amtszeit (1919–1934) am 21. Januar 1925 in der „Arbeiter Zeitung" auf den Punkt: „Jeden Tag, fast jede Stunde werden Kinder und Erwachsene von Hunden gebissen. Die Zahl der wutverdächtigen und wutkranken Hunde ist sehr groß, und es kann bei keiner Bißverletzung mit Sicherheit angenommen werden, ob sie ungefährlich ist. Im Jahre 1924 sind in der Schutzimpfungsanstalt gegen Wut auf dem Rennweg 673 Personen, hiervon 197 Kinder, die von wutverdächtigen Tieren gebissen wurden und in Lebensgefahr schwebten, geimpft und gerettet worden. 171 Verletzte mußten im Spital aufgenommen werden." So lässt sich auch die gnadenlose Jagd auf herrenlose Hunde nachvollziehen.

Öffentliche Hundebrunnen und Zughunde

Doch Hunde wurden nicht nur an die Leine genommen, verfolgt und gejagt, auch frühe kynologische Annehmlichkeiten sind dank des Engagements von Tierschützern verbürgt. Der Wiener Tierschutzverein geht auf das Jahr 1847 zurück. Kein Geringerer als der renommierte Autor Ignaz Franz Castelli (1761–1862), wohnhaft im Heiligenkreuzerhof in der Wiener Innenstadt, rief 1846 zur Gründungen eines „Vereins gegen Thierquälerey" auf. Besagter Verein setzte sich dafür ein, „auf seine Kosten versuchsweise an einem öffentlichen Brunnen der Maria-

Zughunde, einst unverzichtbare Helfer im Alltag der Händler

Mensch und Hund – eine gelungene Symbiose, konkret zwischen der Dogge Bruce und Hannes, seinem Herrl

hilferstraße und an einem der Wiedner Hauptstraße Trinkgefäße für Hunde herzustellen. Diese Gefäße sollen unter das Trottoir-Niveau eingesenkt und durch das Ueberfallwasser der Brunnen gespeist werden", so im „Vaterland" vom 18. Februar 1878 vermerkt.

Kein Wunder, dass die Wiener Hunde Durst hatten, denn wer viel isst, soll auch viel trinken, das gilt auch für Hunde. Erstaunliche Hochrechnungen, was den Nahrungsbedarf der Vierbeiner betrifft, hält „Der Österreichische Zuschauer" vom 23. Mai 1842 parat, der in einem Satz die Sache auf den Punkt bringt: „Die Hunde in Wien fressen jährlich

2.947 Ochsen und 1.474.170 Laib Brot." Die Hochrechnung, bei der nur die heutigen inneren Bezirke berücksichtigt werden, geht von einer deutlich höheren Hundeanzahl aus: „Die Zahl der in manchen Häusern gehaltenen Hunde ist oft 30–40, doch wir wollen im Durchschnitte nur 10 annehmen." Die hohe Anzahl der Hunde – wir sprechen damals keineswegs von Hochhäusern, sondern in der Mehrzahl wohl von ein- bis zweistöckigen Gebäuden – überrascht heute. Doch damals wurden Hunde auch für zahlreiche Arbeiten eingesetzt und waren unverzichtbar. Vor allem sogenannte Zughunde halfen Händlern, ihre Waren auf die Märkte zu bringen. Ihre Notwendigkeit war unbestritten. 1866 forderte man sogar, dass sie bei Hundeausstellungen mehr Beachtung bekommen und auch prämiert werden sollten. „Auch in Wien nimmt die Zahl der Zughunde immer mehr zu, man kann ja täglich in den Straßen die kleinen Lastwagen der Wäscher und Fragner mit Hunden bespannt sehen. Die Zucht und Dressur hiefür hätte wohl eine Unterstützung verdient", notiert die „Presse" am 19. März 1866.
Da es sich hier keineswegs um kleinwüchsige Rassen handelte, waren die Hunde der Fleischer, Bäcker und anderer Berufsgruppen nicht nur eine wertvolle Hilfe, sondern für manche auch ein Problem, vor allem wenn sie ohne Maulkorb – einer der Dauerbrenner in Sachen Hunde – auf der Straße umherstrichen. Auch dazu sei ein Leserbrief zitiert, diesmal vom 9. August 1884 in der „Presse": „Hochgeehrter Herr Redacteur! Es ist wahrlich schon höchste Zeit, daß die competente Behörde endlich einmal auf die Durchführung des Maulkorbzwanges dringt. Vor einigen Tagen machte ich mir den Spaß, die Hunde (ich rede nur von großen Hunden) auf der Hauptstraße des dritten Bezirkes zu zählen, und fand bis zum Invalidenhause 13 Stück herumlungern, sämtlich ohne Maulkorb."

Imperial und staatstragend

Heute freilich wird man eine derart hohe Anzahl an streunenden Hunden in Wien vergeblich suchen. Wohl finden sich da oder dort Abgängigkeitsanzeigen von Hunden (und vor allem Katzen), Bild, Handynummer und Finderlohn mit in der Vermisstenanzeige genannt. Entlaufene Hunde – das kam in den besten Kreisen vor. Als Erzherzog Franz Salvators Hund abgängig war, suchte man das weiße „Burscherl", eine Kreuzung aus Bulldogge und Foxterrier mit gestutzten Ohren, gestutztem Schweif sowie schwarzen Augen per Zeitungsinserat. Zur eindeutigen Identifizierung halfen ein ledernes Halsband mit der Prägung „Erzherzog Franz Salvator" samt Hundemarke, in die „Schönbrunn" eingraviert war. „Auf das Zustandebringen des Hundes ist eine große Belohnung ausgesetzt", schrieb „Das Vaterland" am 8. Jänner 1899 über den Hund, der seit zweiten Jänner abgängig war.

Apropos Kaiserhaus, Kronprinz Rudolf etwa war nicht nur passionierter Naturliebhaber mit einem Faible für Vögel, sondern auch ein Hundefreund. Dies dürfte weniger bekannt sein, ist jedoch durch zahlreiche Berichte belegt. Im April 1880 kaufte er in Mayerling von einem Restaurantbesitzer dessen schwarzen Pudel namens Grandis. Der Hund war dressiert, die Zeitung von der Bahnstation den Gästen des Lokals zu bringen. Rudolf kaufte ihn als Geschenk für seine Braut Prinzessin Stefanie. Grandis sollte nicht der letzte Hund für Stefanie sein: Als Rudolf im September 1887 am Bahnhof Amstetten einen prachtvollen Gordon-Setter sah, kauft er auch diesen seinem Besitzer, Herrn Putz, „um einen namhaften Betrag" ab, um ihn seiner Frau zum Namenstag am 26. Dezember zu schenken. Im März 1884 wurde Medwit, der russische Schäferhund des Kronprinzen, auf der Wiener Hundeausstellung mit einem ersten Preis ausgezeichnet.

Heute findet sich im Tiefenspeicher des Naturhistorischen Museum unter der Inventarnummer ST 1287 (*Canis lupus familiaris*) ein schwarzer ausgestopfter Jagdhund, er trägt ein Halsband („Erzherzog Kronprinz Rudolf"), ferner sind am Halsband „Prag 1882" und die Zahl „1463" vermerkt – ein Beleg, dass für das Tier in Prag 1882 Hundesteuer bezahlt wurde. Weitere Details der Provenienz sind auf Grund fehlender Aufzeichnungen auch Frank Zachos, dem zuständigen Abteilungsleiter für Säugetiere, nicht bekannt. Im „Prager Tagblatt" vom 21. Oktober 1881 findet sich unter dem Titel „Schicksale eines Jagdhundes" eine rührende Hundegeschichte: „Seinerzeit wurde in unserem Blatte berichtet, daß ein prachtvoller Jagdhund Sr. kais. Hoheit des Kronprinzen Rudolf von einer daherbrausenden Locomotive gestreift wurde, wobei er Verletzungen am Schweif und am rechten Ohr erlitt. Der verunglückte Hund ist nun wieder hergestellt und langte dieser Tage auf der Miliner Bahnstation an, als ein Geschenk für den jungen Grafen Bohumil Clam-Martinitz, ältesten Sohn des Grafen Richard Clam-Martinitz zu Ertischowitz. Der Hund trägt ein Halsband mit dem eingravirten Namen des Kronprinzen." Freilich, die Übereinstimmung der Verletzungen konnte nicht verifiziert werden. „Wirbelbrüche und Knorpelschäden im Ohr wären vermutlich bei einem ausgestopften Tier nicht sichtbar", bemerkt Zachos, somit muss die Frage offen

Imperiales Vorbild: Hunde im Besitz von Mitgliedern des Kaiserhauses hatten Vorbildwirkung

bleiben, ob der Hund im Museum ident mit jenem vom „Prager Tagblatt“ ist. Egal, das Tier stammt vom Kronprinzen und ist somit ein VID, ein „Very Important Dog“!

Hundeliebe schien in der Familie des Kronprinzen zu liegen. Beim Denkmal seiner Mutter, der legendären Kaiserin Elisabeth, im Volksgarten befinden sich zwei Hunde aus weißem Laaser Marmor. Sie unterstreichen einmal mehr, dass Sisi hier von Hans Bitterlich als Privatmensch mit ihren persönlichen Vorlieben dargestellt wurde.

Wenn es um die Hunde heutiger Politiker geht, so sorgte Conny Paulgrave (1999–2014), ein schwarzer Labrador Retriever von Wladimir Putin, für Schlagzeilen: Nachdem die Hündin am 7. Dezember 2003 acht Junge geworfen hatte, kamen zwei davon nach Österreich. Dazu „derstandard.at“ vom 16. Februar 2004: „Nachwuchs im Klestil-Zoo. Zwei weibliche Welpen – eine schwarz, eine weiß – der Rasse Labrador wurden Klestil überreicht. Er habe sich sehr gefreut, sagte Klestil vor Journalisten. Olga (Rufname Ola) und Orchidea (Orchi) stammen vom jüngsten Wurf der Präsidenten-Hündin Conny. Klestil hatte Conny bereits bei einem Besuch Putins in Österreich kennen gelernt.“ Doch nicht alle lieben Hunde. Bei der deutschen Kanzlerin Angela Merkl kam Putins Koni bei einem gemeinsamen Treffen 2007 in Sotschi nicht so gut an.

Alexander Van der Bellen nahm als wahlwerbender Präsidentschaftskandidat im Sommer 2016 auf einer PR-Wanderung im Tiroler Kaunertal seine beiden Hunde Chico und Kita mit. Chico schaffte es im Frühjahr 2016 sogar auf ein Wahlplakat mit dem Slogan „An Österreich glauben“.

HUNDESTEUER

Der Gemeinderath hat folgende Bestimmungen für die Einhebung der Hundesteuer in Wien getroffen:

§ 1. Wer in Wien einen oder mehrere Hunde hält, hat dafür eine Steuer an die städtische Casse zu entrichten. Diese Steuer beträgt jährlich vier Gulden für jeden Hund und ist für jedes Solarjahr im vorhinein in der ersten Hälfte des Monats Jänner und zwar im 1. Bezirke bei dem Oberkammeramte am Rathhause, in den übrigen Bezirken bei der Bezirkskanzlei zu bezahlen.

§ 2. Wer erst im Laufe des Jahres in den Besitz eines Hundes gelangt, hat für denselben den ganzjährigen Steuerbetrag des laufenden Jahres zu entrichten.

§ 3. Bei jungen Hunden tritt die Steuerschuldigkeit mit dem Tage ein, von welchem an die Hunde nicht mehr gesäugt werden.

§ 4. Über die bezahlte Steuer wird eine amtliche Quittung ausgefertigt und eine Blechmarke hinausgegeben, worauf die Nummer des Steuerregisters und die Jahreszahl eingeschlagen ist.

§ 5. Die Marke ist an dem Halsbande des Hundes zu befestigen.

§ 6. Im Falle der Übertragung des Besitzes eines Hundes an eine andere Person kann die Steuerquittung samt Marke mit übertragen werden.

§ 7. Wer einen Hund bei der Einführung der Hundesteuer nicht längstens bis 31. März 1869, später aber binnen drei Tagen vom Tage an gerechnet, an welchem er in den Besitz eines der Besteuerung nicht bereits unterzogenen Hundes gelangt oder von welchem an die Steuerschuldigkeit nach der Bestimmung des § 4 eintritt, nicht anmeldet, hat die dreifache Gebühr zu entrichten.

§ 8. Die Vorschrift über das Tragen der Maulkörbe bleibt nur in Betreff der Bulldoggs und der dem Eigenthümer als bissig bekannten Hunde aufrecht. In Beziehung auf alle anderen Hunde tritt diese Vorschrift außer Kraft. Im Übrigen wird hiedurch an den gesetzlichen Bestimmungen über die bei bissigen Hunden anzuwendenden Vorsichten nichts geändert.

§ 9. Auf der Straße herumlaufende, mit der Marke nicht versehene Hunde werden von dem Wasenmeister eingefangen und nach Ablauf von drei Tagen getödtet. Wenn sich jedoch innerhalb dieser drei Tage der Eigenthümer meldet und die vor dem Einfangen seines Hundes erfolgte Berichtigung der Steuer nachweiset, so erhält er gegen Erlag von drei Gulden bei der städtischen Casse, insoferne keine sanitären Bedenken obwalten, eine Anweisung an den Wasenmeister zur Empfangnahme des Hundes.

§ 10. Zur Erlangung eines genauen Verzeichnisses der Hunde ist jeder Hauseigenthümer oder dessen Stellvertreter verpflichtet, das ihnen zu diesem Behufe von Seite des Magistrates zugestellte Formulare genau ausfüllen, von den sämtlichen Parteien des Hauses unterfertigen zu lassen und binnen acht Tagen, vom Tage der Zustellung an gerechnet, mit der eigenen Fertigung versehen, zur Abholung durch die städtischen Diener bereit zu halten.

§ 11. Nur der Gemeinderath ist berechtiget, in besonders berücksichtigungswerthen Fällen Nachsicht der Steuer oder eines Theiles derselben eintreten zu lassen.

§ 12. Fremde, welche Hunde besitzen, unterliegen dieser Vorschrift wie die Einheimischen. Übrigens ist es den Besitzern von Einkehrgasthöfen gestattet, eine Anzahl von Marken zu lösen und Fremden gegen Entgelt zur Verfügung zu stellen.

§ 13. Bezüglich derjenigen Gemeinden in der Umgebung Wiens, bei welchen die Hundesteuer ebenfalls eingeführt wird, werden die Bestimmungen über die gegenseitige Behandlung der Hunde besonderer Vereinbarung vorbehalten.

„Wiener Zeitung“, 14. Januar 1869

DAS LAIBACHER BEBEN MACHT IN WIEN SCHULE

Von historischen und zukünftigen Erdbeben

Der Ostersonntag des Jahres 1895 sollte in Laibach kein gutes Ende nehmen. Ein Erdbeben, eines der großen in den Katastrophenchroniken, hinterließ tiefe Wunden im Stadtbild. Es begann am 14. April vor Mitternacht mit dem ersten Stoß um 23:20 Uhr, es folgten weitere, nicht minder starke Stöße. Bis am 15. April um 7 Uhr in der Früh zählte man weitere 25 kleinere und größere Erschütterungen. Das Beben wurde in einem Umkreis von 350 km wahrgenommen und wurde auch in Wien registriert. Die höchsten Intensitäten im Epizentralgebiet lagen zwischen 8° und 9° auf der 12-teiligen EMS, der Europäischen Makroseismischen Skala. Zur Orientierung: 8° ist definiert mit „schwere Gebäudeschäden"; 9° mit „zerstörend", die dazugehörige Beschreibung lautet: „Allgemeine Panik unter den Betroffenen. Sogar gut gebaute gewöhnliche Bauten zeigen sehr schwere Schäden und teilweisen Einsturz tragender Bauteile. Viele schwächere Bauten stürzen ein." In Laibach wurden rund zehn Prozent der Gebäude zum amtlichen Abriss bestimmt, große Teile der Stadt mussten gestützt werden. In Wien reagiert das hohe Ministerium rasch. Durch die k. k. Geologische Reichsanstalt, jene Organisation, die inhaltlich mit dem Thema

Das starke Erdbeben am 14. April 1895 zerstörte rund zehn Prozent der Gebäude in Laibach

befasst war, wurde am 16. April ein junger Geologe in das Krisengebiet geschickt. Der 27-jährige Franz Eduard Suess, das fünfte von sieben Kindern von Eduard Suess, habe sich, so ein Schreiben vom 16. April, „sofort nach Laibach zu begeben, um zunächst an diesem Orte die genannten Erhebungen über die Begleiterscheinungen der Beben zu pflegen und später diese Untersuchungen über das anschließende Schüttergebiet in Krain, Südsteiermark und dem Küstenland auszudehnen. Über den Verlaufe Ihrer Untersuchungen wollen Sie in geeigneten Terminen kurze Berichte erstatten und Ihre jeweiligen Stationen bekanntgeben." Gesagt getan, am 17. April war der junge Suess vor Ort, wo er fünf Wochen blieb. Er stand in engem Kontakt mit seinem Chef und seinem Vater, der ersten Instanz in Sachen Geologie im Lande. Sein Dienstvorgesetzter, Edmund von Mojsisovics, ein Freund seines Vaters und Vizedirektor der Geologischen Reichsanstalt, gab ihm Anweisungen, organisierte Freikarten für die Bahn und verfasste einen in der Form noch nie dagewesenen „Aufruf" mit 14 Fragen. Die sechs W-Fragen, die Journalisten in der Regel stellen (Wer? Was? Wann? Wo? Wie? Warum?), sollten Mojsisovics nicht genügen, um die Schäden des Bebens in seinem ganzen Ausmaß zu erfassen. Doch warum das? Erdbebenbeobachtungen fanden sich bis zu diesem Zeitpunkt nur in Form subjektiver Betrachtungen, die von aufmerksamen Chronisten, später auch Journalisten nach höchst subjektiven Kriterien verfasst wurden. Mojsisovics, der als 23-Jähriger im Jahre 1862 zusammen mit Paul Grohmann und Guido von Sommaruga den Alpenverein gegründet hatte, sah die Notwendigkeit, die Situation umfassender zu betrachten. So setzte er am 19. April 1895 ein Begleitschreiben an die Betroffenen auf, verbunden mit der Bitte, die Fragen zu beantworten, um „die geplante wissenschaftliche Arbeit unterstützen zu wollen". Wissen wollte er unter anderem: „An welchen Tagen wurde das Erdbeben verspürt? (…) Auf welcher Bodenart steht der Beobachtungsort? (Fels, Schuttboden) (…) Welcher Art war die Bewegung? (Schlag von unten, kurzer Seitenruck, Schaukeln, wellenförmiges Zittern) (…) Wurde ein Geräusch vernommen und welcher Art war dasselbe? (Donnern, Klirren, Rasseln, Knall)" oder auch „Sind noch schwächere Erschütterungen vor oder nachher beobachtet worden?"

Mehr als 1.000 Fragebögen wurden von Wien aus verschickt: 400 in Wien und Niederösterreich, 200 nach Graz, je 100 nach Linz, Klagenfurt und Innsbruck, weitere 50 nach Triest und Zadar in Dalmatien. Zeitungen druckten den Fragenkatalog ebenfalls ab. Dank mehr als 1.300 Einsendungen aus über 900 Orten war Franz Eduard Suess in der Lage, in Band 46 des Jahrbuchs der k. k. Geologischen Reichsanstalt eine Arbeit mit 479 Seiten zu dieser Sammlung an Informationen zu veröffentlichen, mit der er sich auch habilitierte.

Das Beben sollte auch in Wien nicht ohne Folgen bleiben. Als direkte Auswirkung wurde in der Monarchie unter dem frischen Eindruck des Bebens mit seiner erfolgreichen Fragebogenaktion ein flächendeckendes Netzwerk von Beobachtern etabliert. Ihre wissenschaftliche Heimat fanden sie in der Akademie der Wissenschaften in Wien als „Erdbeben-Commission", die bereits zehn Tage nach der Katastrophe, am 25. April, gegründet worden war.

Ein Jahr später, am 3. Juni 1896, berichtet der Sekretär der mathematisch-naturwissenschaftlichen Classe der Akademie und gleichzeitiger Direktor der k. k. Zentralanstalt für Meteorologie und Erdmagnetismus, Julius Hann (1839–1921), über das erfolgreich etablierte Netzwerk der Referenten und Beobachter und dem Vorhaben, einen „Seismometer" anzuschaffen. Tatsächlich etablierten sich diese Geräte um die Jahrhundertwende, damit war die vorinstrumentelle Zeit der Erdbebenbeobachtung vorbei. Es folgten die ersten Seismogramme, weiße Zick-Zacklinien auf rußgeschwärztem Papier. 1904 wurde mit ministeriellem Erlass vom 23. Februar die Agenda der Erdbebenbeobachtung in die Hände der ZAMG gelegt. Keine zwei Wochen später erfolgte die Namensänderung der Institution: Aus der k. k. Zentralanstalt für Meteorologie und Erdmagnetismus wurde die k. k. Zentralanstalt für Meteorologie und Geodynamik, heute ist sie unter dem Kürzel ZAMG bekannt. Was heute so gut wie undenkbar geworden ist, war damals kein Problem: Man schuf einen Planposten und besetzte ihn mit dem jungen Victor Conrad (1876–1962),

Der erste Wiechert-Horizontal-Seismograph an der ZAMG

damals Privatdozent an der Universität Wien. Das Laibacher Beben war somit der Auslöser für die Gründung des heimischen Erdbebendienstes in Wien. Heute ist er mit einem Live-Seismogramm von der Erdbeben-Station Conrad Observatorium in Niederösterreich rund um die Uhr online (http://geoweb.zamg.ac.at/live_seis/pages/frame.php).

15. September 1590: das Neulengbacher Beben

Erdbeben werden in der Regel nach dem Epizentrum bezeichnet. „Ein ‚Wiener' Beben ist", so Christa Hammerl, Historikerin und Spezialistin für historische Erdbeben an der ZAMG, „bislang noch nicht bekannt geworden". Indes gibt es einige, teils auch schwere Beben, deren Epizentrum in der Nähe der Hauptstadt lag. Belegt sind sie durch Berichte in Chroniken, die vielfach in lateinischer Sprache verfasst sind. Nach ausführlichem Quellenstudium lassen sich so Beben in den letzten 1.000 Jahren belegen. Über das Ausmaß und die räumliche Verteilung der dort dokumentierten Schäden können nach mühevoller Spurensuche in Archiven Rückschlüsse auf Intensität und Epizentrum rekonstruiert werden. Besonders interessant sind große Beben, zumal man hier auf zahlreiche, weit verbreitete Aufzeichnungen hoffen darf.
So ein Erdbebenklassiker ist das Neulengbacher Beben vom 15. September 1590, in der letzten Forschergeneration ging man von einem „9er-Beben" im Chargon der Seismologen, also 9° auf der Europäischen Makroseismischen Skala, aus. Als Herdtiefe nahm man ein Intervall von 2 bis 30 km an. Das wäre der Bereich der obersten Kruste bis tief in die Nähe der Grenze von Erdkruste zu Erdmantel. Jetzt, nach neuerlichen Berechnungen der Quellen, scheint einiges klarer: Das Epizentrum rückte 20 Kilometer weiter Richtung Wien, aus dem „Neulengbacher Beben" wurde ein „Beben von Ried am Riederberg". Die Intensität blieb unverändert, die Herdtiefe mag, so meint man heute, wohl in etwa sechs Kilometer Tiefe gelegen haben, also so tief wie Wiens tiefste Erdölbohrung.

Das Quellenstudium gewährt manch interessante Einblicke in den Alltag, finden sich doch neben Schäden an Gebäuden vielfach auch Details über die Tätigkeiten der Menschen von damals. Johann Wolff (1537–1600), Jurist, Historiker und Theologe hält in Band 2 seiner 1600 erschienenen „Lectiones memorabilies et reconditas" fest: „Eadem die, qua PP. Vrbanus 7. eligebatur, terrae motus horribilis Viennam Austriae & multa Morauiae & Bohemiae loca concussit. Viennae aedes quam plurimae labefactatae: Turris D. Stephani ita conquassata, vt ruina illius metueretur: & de rastigio destruendo consilium capi necesse fuerit. Templum coenobij Scotorum & Hospitium ad Solem aureum; patrona & familia illius diuersorij & hospitibus aliquot oppressis, concidit." Dank der Übersetzung von Christa Hammerl erfahren auch alle, die nicht (mehr) der lateinischen Sprache mächtig sind, den Inhalt: „Zur selben Zeit, als Papst Urban VII. gewählt wurde, hat ein erschreckendes Erdbeben Wien und viele Orte Mährens und Böhmens erschüttert. In Wien wurden mehrere Häuser zerstört, der Turm von Sankt Stephan wurde so (stark) erschüttert, dass man seinen Einbruch befürchtete und meinte, seinen Abbruch beschließen zu müssen. Die Kirche des Schottenklosters und das Gasthaus zur Goldenen Sonne stürzten ein und erdrückten die Patronin, die Familia und auch einige Besucher."

Auch im „Itinerarium" des mährischen Adeligen Ladislaus Velen von Zerotein zeigt sich so manche menschliche Tragödie: „Lectum suum habuerat quidam artopta ad istius templi parietem in quo ipso dormiente lapides magna copia decidentes homini nullum damnum dederant. Verum idem paulo post noctu a meretricibus duabus, secum quas habuerat, strangulatus frustra liberationis exemplum viderat et sic justas Dei iudicio libidinis suae poenas dedit. Culmen turris ad S.Michaelem in ipsam turrim quasi demersum est. Iesuitici fani turris capite diminuta fuit." Auch hier übersetzte Christa Hammerl die

Quelle: „Ein Bäcker hatte sein Bett in einen Raum an der Mauer dieser Kirche (Schottenkirche). Als er dort im Schlafe lag, fielen Steine in großer Zahl herunter, ohne ihm irgendwelchen Schaden zu tun. Aber nur wenig später wurde er des Nachts von zwei Dirnen, die er bei sich hatte, erwürgt; es war ihm also die wunderbare Errettung umsonst zu Teil geworden, und nach dem Ratschluss Gottes erlitt er die gerechte Strafe für seine Lüsternheit. Die Turmspitze bei Sankt Michael senkte sich gewissermaßen in den Turm hinein. Vom Turm der Jesuitenkirche stürzte die Spitze herunter."

Wer Näheres wissen will, dem sei das 2013 erschienene Werk „Erdbeben in Niederösterreich von 1000 bis 2009 n. Chr." von Christa Hammerl und Wolfgang Lenhardt empfohlen.

Angesichts der massiven Schäden können die Wiener nur froh sein, dass die Epizentren großer Beben bislang noch nie in Wien lagen. Meist findet man diese im Süden Wiens, sei es in Schwadorf (8. Oktober 1927) oder Seebenstein (16. April 1972), als von der Universität Wien Teile der Balustrade herabstürzten.

Rückseite der Universität Wien nach dem Beben in Seebenstein am 16. April 1972

Die Erdbebengefahr im Norden der Stadt

Geologen neigen dazu, die Vergangenheit der Erde im Detail zu rekonstruieren, um dann in einem größeren Kontext Schlüsse auf Gegenwart und Zukunft abzuleiten. So gesehen ist die Klimadiskussion unserer Tage nichts anderes als eine Momentaufnahme einer Zwischeneiszeit, in der wir eben gerade leben. Noch vor 20.000 Jahren, also ein Wimpernschlag in der Zeitrechnung der Geologen, waren die gesamten Alpen mit einem einzigen riesigen Eisschild vergletschert, und in den Niederungen Wiens grasten Mammuts mit dicken Zottelfellen. Leider haben sie uns keine schriftlichen Erdbebenberichte hinterlassen. Doch Geologen müssen nehmen, was sie finden – in der Regel also Steine. Kurt Decker, Strukturgeologe am Department für Geodynamik und Sedimentologie der Uni Wien, wollte wissen, wie es sich mit den Erdbeben in der Zeit verhielt, als es noch keine Chroniken gab, die pikante Details der Spezies *Homo sapiens* festhielten. Er zog in den Schotterterrassen des Marchfeldes, wo man a priori annahm, dass sich hier keine großen gebirgsbildenden Prozesse ableiten lassen würden, lange Gräben. Detailuntersuchungen zeigten allerlei schiefe und schräge Schichten in den Sanden und Schottern. Von einer durchgehend horizontalen Lagerung der Schichten – wie man es hier erwarten darf –

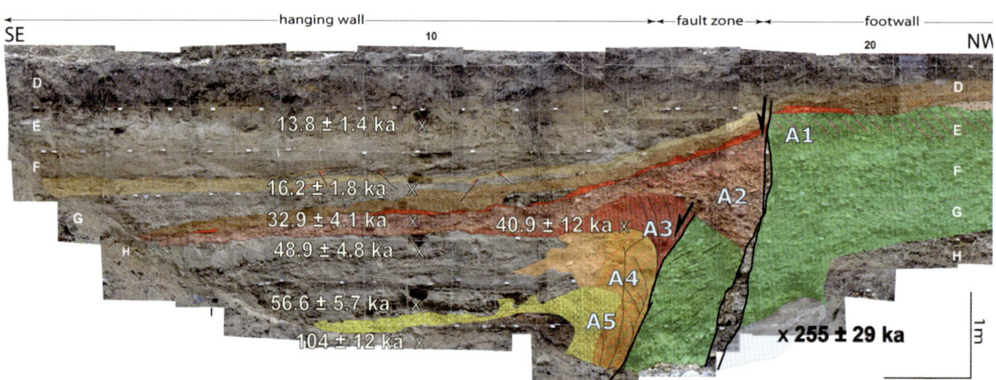

Verstellte Sandschichten (A1 bis A5) belegen einstige Starkbeben zwischen 9° oder 10° im Marchfeld

keine Spur, vielerorts zeigten sich Störungen, Versetzungen und geologische Auffälligkeiten, deren Ursache eindeutig auf plötzliche Ereignisse wie Erdbeben zurückgehen.

Decker machte die von Nordost nach Südwest verlaufende Wiener-Becken-Transfer-Störung als größte Störungszone aus. Ihr Entstehungsalter reicht rund 15 Millionen Jahre zurück und steht in maßgeblichem Zusammenhang mit der Absenkung des Wiener Beckens. Die hier lokalisierten horizontalen Verschiebungen erreichen Werte von 1,5 bis 2,0 Millimeter pro Jahr und haben das Potenzial für „ein 9er-" oder „10er-"Beben. Parallel zur Wiener-Becken-Transfer-Störung wurde die Markgrafneusiedl-Störung untersucht, der vertikale Versatz beträgt hier weniger als 0,1 Millimeter pro Jahr. Nichtsdestotrotz konnten hier nicht weniger als fünf Erdbeben, deren Stärke Epizentralintensitäten zwischen 9° oder 10° entsprechen, dank der verstellten und gestörten Schichten identifiziert werden. Sie ereigneten sich in einem Zeitintervall zwischen 13.800 und 104.000 Jahren; die damaligen Mammuts wurden wohl heftig gebeutelt.

Somit ist eindeutig klar: Beben, die Wien betreffen können, haben nicht nur im Süden und Osten ihr Epizentrum; auch im Norden Wiens lauert – wie Decker und sein Team rund um Esther Hintersberger eindrucksvoll belegten – die Gefahr im Untergrund. Offen bleibt die Frage nach dem genauen Zeitpunkt, der sich nicht vorhersagen lässt. Möge es noch recht lange dauern!

LIPIZZANER MIT ZWÖLF ZEHEN

Warum der „Gigerer“ den Himalaya braucht

Das Verhältnis der Wiener zum Pferd ist ambivalent. Stolz verweist die Stadt auf die mehr als 450 Jahre zurückreichende Tradition der Spanischen Hofreitschule, in der tausende Touristen jedes Jahr begeistert die hohe Reitkunst und die edlen Lipizzaner bewundern. Etwas weniger hochgezüchtet als die Lipizzaner sind die Fiaker-Pferde, die mit ihren historischen Kutschen heute nur mehr als touristische Attraktion dienen. Kultstatus erreichte auch die Volkssängerin Emilie Turecek, ein Kind des Revolutionsjahres 1848 und bekannt als „Fiaker-Milli“. Für ihre Auftritte im Jockey-Kostüm mit engen Hosen und Reitgerte benötigte sie damals noch polizeiliche Genehmigung. Zu einem Klassiker des Wienerliedes wurde Gustav Picks „Fiakerlied“ aus 1885, „I führ’ zwa harbe Rappen.“

Weniger erwärmen können sich die meisten Touristen für die andere Seite der Wiener „Pferdeliebe“, die sich auch in den Dialektwörtern „Gigerer“ und „Pepi-Håcka“ – beide für Pferdefleischhauer – ausdrückt. Durchaus in Symbiose mit den zahlreichen Fuhrwerksunternehmen der Stadt florierte in Wien das Pferdefleischhauer-Gewerbe. Pferdefleisch galt als relativ günstiges Nahrungsmittel, das auch den ärmeren Bevölkerungsschichten Fleischkonsum ermöglichte. Heute hat es zwar nur eine untergeordnete Bedeutung auf dem Speiseplan,

aber als Pferde-Leberkäsesemmel gehört es bis heute zu den heimlichen Wahrzeichen Wiens.
Aus geologischer Sicht erschöpft sich der Equidenbezug, Pardon, der Pferdebezug, zu Wien nicht in Lipizzaner, Fiaker und Leberkäse. Auch die ältesten echten Pferde Europas stammen aus dem Wiener Becken. Die Evolution der Pferde begann bereits im Eozän vor 55 Millionen Jahren in Nordamerika. Die Urpferde waren etwa fuchsgroß, hatten noch keine Hufe, sondern Zehen und ernährten sich vorwiegend von Früchten. Über Landbrücken gelangten erste Urpferde in mehreren Einwanderungswellen nach Eurasien, starben aber nach einigen Millionen Jahren wieder aus. Erst im Miozän vor rund 15 Millionen Jahren entwickelten sich in Nordamerika die Vorläufer der modernen Pferdefamilie.

Wie aus Zehen ein Huf wurde

Zu dieser Zeit nahm die Körpergröße der Tiere allmählich zu, und die Zehen wurden allmählich zugunsten eines Hufes reduziert. Gleichzeitig stellten die Pferde ihre Nahrung von Früchten und Laub auf harte Gräser um. Da Gräser in ihren Zellen winzige Quarzkristalle bilden, die wie Schleifpapier auf die Zähne wirken, konnten nur Tiere mit hochkronigen Zähnen diese Nahrungsquelle nutzen. Durch die Selektion auf hohe Zähne, die einen entsprechend hohen Kiefer als „Stauraum" benötigen, veränderten sich auch die Schädel der Pferde, und das uns vertraute Pferdegesicht entstand. Der Motor für diese Entwicklung war eine globale Klimaänderung. Die Nordkontinente wurden trockener, die Sumpfwälder verschwanden zusehends, und Grassteppen breiteten sich aus. Die Ursache für diesen klimatischen Umbruch wiederum steckt in der Tektonik. Das späte Miozän war die Hochphase der alpidischen Gebirgsbildung, die auch den Himalaya durch das Andocken des indischen Subkontinents an Asien auffaltete.

Durch die jungen Gebirge wurden große Gesteinsmassen der Verwitterung ausgesetzt. Besonders die Korrosion von Silikatgesteinen wie Gneis und Granit entzieht der Atmosphäre das Treibhausgas Kohlendioxid, was sich in einer globalen Abkühlung widerspiegelte. Zugleich verhinderte der Himalaya, dass ausreichend Feuchtigkeit mit den Wolken nach Zentralasien gelangen konnte. Der Niederschlag regnete an den Gebirgshängen ab, und im Indopazifik entstand das heutige Monsunsystem. Mit der globalen Abkühlung wuchsen auch die Gletscher in der Antarktis, und der Meeresspiegel fiel. Vor 11,6 Millionen Jahren wurde schließlich die Beringbrücke zwischen Alaska und Sibirien landfest – für die Pferde war der Weg nach Europa frei.
Mit 1,2 Metern Schulterhöhe waren diese Immigranten immer noch deutlich kleiner als moderne Pferde. Ihre Vorderbeine waren etwas kürzer und machten die grazil gebauten Tiere eher zu guten Springern als zu ausdauernden Läufern. Links und rechts vom Huf ragte noch je eine funktionslose Zehe aus dem Fell. Dies brachte ihnen den Namen „Dreizehen-Pferde" ein. Die Hipparionen, wie diese Pferde wissenschaftlich bezeichnet werden, breiteten sich rasant aus und dienen als Zeitmarker für die geologische Datierung. Zähne und Knochen aus den Schottern des Urdonau-Deltas bei Mistelbach sind die ältesten Funde der Tiere in Europa. Das Wiener Stadtgebiet war zu dieser Zeit weitgehend vom Wasser des tiefen Pannon-Sees bedeckt. Landwirbeltiere gelangten nur als Kadaver mit Flüssen oder bei Flutereignissen in den See. Die von Aasfressern und Verwesung meist schon zerlegten Tierleichen finden sich daher überwiegend nur als Einzelknochen, Zähne oder Skelett-Fragmente. Im 19. Jahrhundert wurden diese Einschwemmungen beim Abbau der blaugrauen miozänen Seetone, dem so genannten Congerientegel, in zahlreichen Ziegelgruben im Süden Wiens zwischen Wienerberg, Inzersdorf und Vösendorf entdeckt. Zwei Worte zur Herkunft des Namens: *Congeria* ist eine massenhaft vor-

kommende Muschel dieser tonigen Ablagerungen. „Tegel“ leitet sich vom lateinischen *tegulum* für (Dach-)Ziegel ab und belegt, dass die Römer in Wien dieses Material für die Ziegelherstellung nutzten.

Fundorte geben Einblicke in die Stadtgeschichte

Die Knochen gelangten mitunter ans Naturhistorische Museum, wo sie bestimmt und katalogisiert wurden. Die Fundortangaben auf den Etiketten spiegeln auch die Stadtgeschichte wider. So ist der Fundort Wien-Stierofen längst ein kleiner Badeteich südlich der Himberger Straße. Die Fundstelle Oswaldgasse 35 in Meidling lag auf dem Fabriksgelände der „Kabel- und Drahtwerke AG“. Nur wenige hundert Meter nördlich des Kabelwerks fand sich in der Grießergasse eine weitere Fundstelle, bei der sich die Arbeiter durch den Verkauf der Fossilien ihr Gehalt aufbesserten. Ab 1926 waren die Gruben verbaut, und die Einnahmequelle versiegte.

Das schönste Pferdefossil aus dem Wiener Raum ist ein vollständiger Schädel mit Teilen der Wirbelsäule aus der Tongrube bei Inzersdorf. Das wertvolle Stück mit dem wissenschaftlichen Namen *Hipparion primigenium* gelangte am 18. März 1875 als Geschenk des Großindustriellen Heinrich Drasche Ritter von Wartinberg ans Naturhistorische Museum. Im Spätsommer 1903, als sich die internationale Fachcommunity anlässlich des Internationalen Geologenkongresses in Wien traf, gab es auch zahlreiche Exkursionen innerhalb Wiens, in die Umgebung wie auch in die Kronländer der Monarchie. Zwei Bediensstete des Museums, der damals 61-jährige Kustos Theodor Fuchs und der 27-jährige Franz X. Schaffer, führten als „Nachmittagsausflug“ eine Expertenexkursion in die Ziegeleien der „Wienerberger Ziegelfabrik und Baugesellschaft“ bei Inzersdorf am Wiener Berg. Im zugehörigen Exkursionsführer beschreiben die beiden in nüchtern sachlicher Art die geologische Situation und erwähnen das niedliche Pferdchen

Blick in die Sammlung fossiler Pferdevorfahren im Speicher des Naturhistorischen Museums

gerade mal namentlich: „In einer Tiefe von zirka 20 m findet sich eine blaugraue Sandschicht mit Geröllen und einer großen Menge von Conchylien, wie *Congeria subglobosa*, *Cardium conjungens*, *Melanopsis Martiniana*, *M. Bouei*, *M. pygmaea*, *Neritina* sp. etc.. In dieser Sandschicht werden mitunter auch Säugetierreste, wie *Hipparion gracile* und *Acerotherium incisivum*, gefunden." In Form seiner mit den Initialen „HD" und dem Doppeladler geprägten Ziegel aus dem blaugrauen Congerientegel ist Drasche bis heute in Wien allgegenwärtig.
Ab etwa acht Millionen Jahren wurde nur mehr sehr wenig Sediment im Wiener Becken abgelagert, oder es wurde später wieder abgetragen. Dementsprechend sind auch kaum Fossilien überliefert. Erst mit dem Einsetzen der Eiszeit finden sich wieder reichere Faunen. Sie bezeugen

Lebensbild fossiler Pferde vor 10 Millionen Jahren im Bereich des Wiener Beckens

die zweite und letzte Einwanderung von Pferden nach Europa. Vor etwa zwei bis drei Millionen Jahren wanderte die moderne Pferdegattung *Equus* von Nordamerika nach Eurasien ein – wie ihre Vorläufer, die Hipparionen, nutzen auch diese Pferde die Beringbrücke als Route. *Equus* verbreitete sich rasch in ganz Eurasien und eroberte auch Afrika. Wildpferde, Esel und Zebras sind direkte Nachfahren dieser Einwanderer. Die ältesten Wiener Vertreter der modernen Pferdegattung sind mit rund 600.000 Jahren deutlich jünger. Keine fünf Minuten in Gehweite zum Böhmischen Prater bietet die Abbauwand der ehemaligen Rudolfs-Ziegelöfen in der Löwygrube am Laaerberg einen Einblick in die eiszeitlichen Landschaften Wiens. In den ausgedehnten Ziegelgruben wurden neben Pferdeknochen auch Überreste von Mammuts, Rentieren, Bisons, Nashörnern und Kleinsäugern gefunden. In der vergleichsweise winzigen, heute noch zugänglichen Abbauwand, die 1982 zum Naturdenkmal erklärt wurde, kann man im Löß über einer kräftig ziegelroten Lehmschicht, die als Hinweis auf eine warmzeitliche Bodenbildung gilt, lediglich die Splitter eiszeitlicher Landschnecken entdecken. Noch jünger sind die pleistozänen Löß- und Flussablagerungen der Stadt-Terrasse, die in den Ziegelgruben entlang der Heiligenstädter Straße und der Nußdorfer Straße angeschnitten wurden. In der Originaldiktion der Wissenschaften von 1870 lautet die Überschrift zu einem Fund folgendermaßen: „Schädelreste eines Rhinoceros, eines Pferdes und ein Stosszahn von *Elephas primigenius* aus der Materialgrube der Nord-Westbahn bei Heiligenstadt nächst Wien", wobei Rhinoceros für „Nashorn" und *Elephas primigenius* für „Mammut" steht.

Amerikanische Reimmigranten

Für die altertümlicheren Hipparionen war die Einwanderung der modernen Pferde dramatisch. Sie wurden rasch verdrängt und starben vor 800.000 Jahren schließlich aus. Wie ein Treppenwitz der Erdgeschichte mutet es an, dass die Pferde, die über 55 Millionen Jahre lang durchgehend Nordamerika besiedelten, dort vor 10.000 Jahren ausstarben. Erst mit den spanischen Konquistadoren gelangten Pferde im 16. und 17. Jahrhundert wieder in ihre stammesgeschichtliche Heimat, wo sie als Mustangs die nordamerikanische Prärie besiedelten.

Die Wiener Lipizzaner müssen nicht fürchten, beim „Gigerer" zu Leberkäse verarbeitet zu werden. Sie verbringen ihren Lebensabend im steirischen Gestüt Piber oder am Heldenberg in Niederösterreich. Damit es ihnen im Wien des 21. Jahrhunderts auch gut geht – im wahrsten Sinn des Wortes –, wurde in der jüngst umgestalteten Herrengasse eine Fahrspur betoniert, denn Beton ist für Pferdehufe immer noch „weicher" und erträglicher als der harte Schremser Granit.

P.S. Der einstige Congerientegel wird von der „Wienerberger AG", die mit 203 Werken in 30 Ländern heute der größte Ziegelproduzent weltweit ist, in Hennersdorf abgebaut. Dort befindet sich seit 1870 ein Ziegeleistandort, das Werk Hennersdorf ist seit 1890 im Besitz der Firma.

WIEN STRAHLT!

Maria Theresia, Goethe, Hrdlicka und die Radioaktivität

Die wirklich Großen aus Geschichte, Kunst und Wissenschaft überstrahl(t)en ihre Zeitgenossen durch ihr Können und ihr Charisma. Ihre Strahlkraft sei noch immer ungebrochen, heißt es mitunter in medialen Beiträgen. Diese steckt auch im englischen „Stars“ und in „Sternchen“ für die etwas weniger Berühmten. Strahlung hat im täglichen Gebrauch aber meist auch einen negativen Beigeschmack. Schließlich ist die Ablehnung von Atomkraft in Österreich nahezu Staatsreligion. Und dass Atomkraft eine problematische Form der Energiegewinnung ist, steht seit dem Reaktorunfall am 26. April 1986 im ukrainischen Tschernobyl und dem Unglück im japanischen Kernkraftwerk Fukushima am 11. März 2011 tatsächlich außer Frage. Doch Strahlung tritt auch in der Natur auf und ist allgegenwärtig.
Ursache für die natürlich auftretende Strahlung sind radioaktive Atome in einigen Mineralien wie etwa Feldspat, einem Hauptbestandteil von Granit. Über 90 Mineralien werden als radioaktiv eingestuft, da durch Zerfall mindestens einer ihrer Bestandteile ionisierende Strahlung aussendet. Generell wird die Abgabe ionisierender Strahlung in Folge von zerfallenden Atomen als Radioaktivität bezeichnet. Die lange Liste reicht von Abernathyit bis zu Zeunerit, beide stark uranhältige Mineralien und damit radioaktiv. Der überwiegende Teil dieser Mineralien ist nur Mineralien-Enthusiasten und Wissenschaftlern bekannt – wer hat schon je von Čejkait, Cuprosklodowskit oder

Nováčekit gehört. Auch begegnen einem die meisten dieser gefährlichen Mineralien kaum im täglichen Leben, da viele relativ selten und an Lagerstätten konzentriert sind.

Eines der häufigsten radioaktiven Mineralien ist die Pechblende, welche auch unter dem wissenschaftlichen Namen Uraninit bekannt ist. Sie kristallisiert im kubischen Kristallsystem, also meist in Würfeln, chemisch ist es ein Uranoxid mit der Formel UO_2.

Der harmlos klingende deutsche Name kommt aus der Sprache der mittelalterlichen Bergleute, für die der pechschwarze Stein keinen Wert besaß und als sogenannte Blende am Abraum landete. Im späten 18. Jahrhundert wurde das chemische Element Uran als Bestandteil der Pechblende erkannt und isoliert. Der Name Uran leitet sich vom Planeten Uranus ab, dessen Name kommt wiederum vom griechischen *uranos* für „Himmel". Doch erst im 19. und 20. Jahrhundert begann Uran, wirtschaftlich interessant zu werden, und fand Verwendung bei der Herstellung von Farben. Vielen Gläsern verliehen Uranverbindungen eine hellgrün fluoreszierende Farbe. Aus Uranerz gewonnenes Radium war auch Basis für Leuchtfarben, etwa für Zeiger von Uhren. „Vor allem in der Kriegsindustrie waren die ‚leuchtenden' Radiumfarben von großer Bedeutung, was damals einen wahren Radiumboom auslöste", so Max Bichler, Radiochemiker und Petrologe vom Atominstitut der Technischen Universität Wien.

In den 1920er und 1930er Jahren kam das in jeder Hinsicht strahlende Radium, dessen unsichtbare Gefahren noch unbekannt waren, groß in Mode. Zahlreichen Kosmetikartikeln wurde Radium beigemischt. Das Spektrum reichte von der Gesichtscreme bis zur Radium-Salbe gegen Hämorrhoiden. Aus heutiger Sicht schon fast diabolisch absurd war eine „gesundheitsfördernde" Tinktur zur Krebsvorsorge. Als immer mehr Arbeiterinnen, die in den Fabriken mit den Leuchtfarben hantierten, an Zungenkrebs erkrankten – ausgelöst durch das Befeuchten der Pinsel mit der Zunge –, wurde allmählich die Gefahr der Radioaktivität erkannt. Die Blüte des Uranerz-Abbaus fand aber erst nach dem Zweiten Weltkrieg statt, als Uran für Kernwaffen und Atomkraftwerke benötigt wurde.

Aufgrund des hohen Urangehalts ist Pechblende eine der stärksten natürlichen Quellen für Radioaktivität. Trotzdem finden sich in den verstaubten „Naturalienkabinetten" vieler Schulen noch immer Stücke des gefährlichen Gesteins zwischen harmlosen Quarzen, Calciten und anderen Mineralien. Auch einige fossile Knochen und Zähne sind mitunter strahlende Zeugen der Vergangenheit. Durch mikrobielle Tätigkeit und durch Lösung aus dem Umgebungssediment können Uran und Thorium in den Fossilien angereichert werden. Zwar ist die Strahlungsintensität nicht sehr hoch, aber dennoch werden die leicht radioaktiven Fossilien der Geologisch-Paläontologischen Sammlung des Naturhistorischen Museums in Bereichen aufbewahrt, die von Arbeitsplätzen weit entfernt sind. „Für die radioaktiven Mineralien, welche sich im Lauf der Zeit in unserem Museum angesammelt haben, wurde im Museum ein eigens dafür adaptierter Strahlenschutzraum im Keller eingerichtet", führt Vera Hammer, Mineralogin und stellvertretende Strahlenschutzbeauftragte am Naturhistorischen Museum in Wien, aus.

Die Entdeckung der Radioaktivität

Entdeckt wurde die Radioaktivität erst 1896 vom französischen Physiker Antoine Henri Becquerel. Zwei Jahre später erhielt das Phänomen vom Physiker Ehepaar Marie und Pierre Curie seinen Namen. Die

Gefährlichkeit der Strahlung war den beiden aber noch nicht bewusst, Marie Curie dürfte sogar an den Spätfolgen ihrer Experimente gestorben sein. Es dauerte auch einige Zeit, bis die brandaktuellen Ergebnisse der Physiker von anderen Wissenschaftlern rezipiert wurden. 1904 experimentierten die Wiener Erdwissenschaftler Friedrich Becke und Eduard Suess gemeinsam mit dem Physiker Franz-Serafin Exner mit Pechblende und deren Wirkung auf Fotoplatten. Schon länger war bekannt, dass Uran Fotoplatten belichtet. Die drei Wissenschaftler wollten aber prüfen, ob diese Wirkung mit der Zeit abnimmt. Dazu untersuchten sie vier Proben, die um 1805, 1807, 1814 und 1853 abgebaut wurden, und verglichen die entstandenen Bilder mit einer Platte, die durch eine erst 1904 gebrochene Probe belichtet wurde. Das Experiment zeigte keinerlei Unterschiede in der Intensität, und die drei Experimentatoren schlossen in ihrem Artikel im Anzeiger der kaiserlichen Akademie der Wissenschaften: „Eine Abnahme der Wirksamkeit war sohin nicht kennbar". Wenn diese Schlussfolgerung für das Experiment auch völlig zutreffend war, so war die unterschwellige Botschaft falsch. Aufgrund der langen Halbwertszeit wäre eine Abnahme an Strahlung bei diesem Experiment gar nicht messbar gewesen. Außerdem ist es für den radioaktiven Zerfall unerheblich, ob eine Probe früher oder später abgebaut wurde, da alle getesteten Mineralstufen aus dem tschechischen Bergbau Sankt Joachimsthal, heute Jáchymov, stammten und somit zur gleichen Zeit entstanden sind. Die „Zerfallsuhr" startete daher für alle Proben gleichzeitig und läuft gleich rasch. Der damals erst sechs Jahre alte Begriff der Radioaktivität scheint in der Publikation übrigens noch gar nicht auf. Trotzdem erwies sich Franz-Serafin Exner als Pionier der Radioaktivitäts-Forschung. Nur wenig später gründete er 1910 in der Boltzmanngasse 3 das Institut für Radiumforschung, das weltweit erste Institut zur Erforschung der Radioaktivität, und wurde dessen erster Direktor. Erster

Assistent in leitender Funktion war Stefan Meyer. Ihm zur Ehre – er wurde in der NS-Zeit verfolgt – wird das einstige Institut für Radiumforschung heute als Stefan Meyer Institut der Österreichischen Akademie der Wissenschaften (SMI) bezeichnet.
Hauptverursacher der natürlichen Strahlung sind die Isotope Uran-238 und 235, Thorium-232 und Kalium-40, die aufgrund ihrer extrem langen Halbwertszeiten im Bereich von Milliarden von Jahren noch längst nicht alle zerfallen sind. Ein Zerfallsprodukt dieser Isotope ist unter anderem das gasförmige Radon, das in die Atemluft entweicht. Zwar wird das Edelgas von der menschlichen Lunge nicht verarbeitet, aber wenn Radon gerade dann weiter zerfällt, bilden sich Polonium und andere radioaktive Elemente, die den Organismus schädigen können.
Gemessen wird die natürlich auftretende Strahlenbelastung in der Einheit Mikrosievert. Um auch die Dosisleistung einer Strahlenquelle zu erfassen, wird die effektive Dosis oft in Mikrosievert pro Stunde angegeben und mit µSv/h abgekürzt. Laut dem Österreichischen Verband für Strahlenschutz liegt die natürliche jährliche Strahlenbelastung der Österreicher bei etwa 2.000-3.000 Mikrosievert, was etwa einem durchschnittlichen Wert von 0,3 Mikrosievert pro Stunde entspräche. Das ist eine gute Neuigkeit für die Beamten des Wiener Rathauses und für die Volksvertreter und Politiker im Parlament. Die dort verbauten Kalke strahlen mit nur rund 0,05 Mikrosievert pro Stunde, der Schlaf im Plenum ist somit gesundheitlich völlig unbedenklich.

Strahlende Gesteine im Herzen Wiens

Aber es gibt auch wesentlich gefährlichere Orte in Wien. Dass das am 13. Mai 1888 enthüllte Maria-Theresia-Denkmal andere Statuen im wörtlichen Sinne überstrahlt, wird der Bedeutung dieser großen Monarchin nur gerecht. Architektonisch wurde das Monument von

Carl von Hasenauer gestaltet, einem der Väter der Wiener Ringstraße. Die Kaiserin thront in 19 Metern Höhe auf braunem Hornblende-Granit aus dem böhmischen Petrohrad-Jesenice. Dieses Gestein der Böhmischen Masse besteht aus Feldspat, Quarz und den farbgebenden Mineralien Hornblende und Biotitglimmer. Mit 0,2 Mikrosievert pro Stunde ist dieser Teil des Denkmals deutlich radioaktiver als die Gesteine der beiden flankierenden Museen. Nach der Allgemeinen Strahlenschutzverordnung der Republik Österreich wird in Artikel 14 (1) festgelegt: „für Einzelpersonen der Bevölkerung beträgt der Grenzwert der effektiven Dosis 1 Millisievert pro Jahr", was grob 0,11 Mikrosievert pro Stunde ergibt. Maria-Theresias derzeitiger Hauptwohnsitz wäre also schon im gesetzlichen Graubereich.

Das Maria-Theresia-Denkmal besteht aus böhmischem Granit

Noch höhere Strahlungswerte bis 0,3 Mikrosievert pro Stunde weist der etwa 300 Millionen Jahre alte Mauthausener Granit aus Enghagen in Oberösterreich auf, aus dem die Stufen des Denkmals bestehen. Für die Touristen, die gerne auf den Stufen des Denkmals sitzen – was übrigens verboten ist –, ist aber durch die kurze Verweildauer keine Gefahr für die Gesundheit gegeben.

Ein anderes Denkmal mit Strahlkraft ist das „Mahnmal gegen Krieg und Faschismus" am Albertinaplatz, in dem der geniale Wiener Bildhauer Alfred Hrdlicka das finsterste Kapitel der österreichischen Geschichte monumental verarbeitet hat. Die wuchtigen Plastiken am „Tor der Gewalt" hat Hrdlicka aus weißem Carrara-Marmor gehauen

und den dahinter aufragenden Orpheus aus hellgrauem kroatischem Kreidekalkstein. Beide Gesteine bestehen vorwiegend aus Calcit und sind daher sehr strahlungsarm. Als Sockel für die Plastiken und besonders für den „Stein der Republik" hat der Künstler Mauthausener Granit aus dem Perger Trommelbergbruch gewählt. Der 57 Tonnen schwere und 8,4 Meter hohe Monolith ist der größte Einzelstein, der je aus den Oberösterreichischen Steinbrüchen gebrochen wurde, und emittiert aufgrund seiner strahlenden Mineralien bis zu 0,25 Mikrosievert pro Stunde. Auch dieses Gestein gehört zur Böhmischen Masse, deren südlichste Vorkommen bis zur Donau und stellenweise auch darüber hinaus reichen.
Nur 250 Meter vom „Stein der Republik" entfernt, an der Ecke Opernring/Goethegasse im ersten Bezirk, wird es noch ungemütlicher. Hier sitzt der Dichterfürst Johann Wolfgang von Goethe auf einem Sockel aus Syenit, einem magmatischen Tiefengestein mit hohem Feldspatanteil, das in Biella im italienischen Piemont abgebaut wurde. Die Frage, ob man mit der Herkunft des Gesteins Goethes italienischer Reise von September 1786 bis Mai 1788 huldigen wollte, muss unbeantwortet bleiben. Doch werfen wir zunächst einen genaueren Blick auf dieses Gestein aus der Sicht von Professor Friedrich Berwerth. Er war seit Herbst 1874 als Custos des k. k. Mineralogischen Hof-Cabinets, dem heutigen Naturhistorischen Museum, tätig und außerdem Professor für Petrographie an der Universität Wien. Verdient machte er sich unter anderem im Bereich der Meteoritenforschung. Doch auch mit dem Gestein des Goethe-Denkmals befasste er sich: „Der als Sockel gewählte Stein aus dem Steinbruche von Balma bei Biella in Piemont ist ein quarzführender Syenit. Insgesamt sind 14 Minerale an der Zusammensetzung des Biella-Syenit betheiligt." Interessanterweise befindet sich im Gestein eine – mikroskopische – „Würdigung" für Goethe, der des Öfteren in Karlsbad zur Kur weilte und sich mit den Gesteinen

Das Goethe-Denkmal aus Syenit, einem granitischen Tiefengestein, weist eine messbare natürliche Strahlung auf

intensiv auseinandersetzte. Berwerth äußert über einen der Feldspate des Denkmals: „Der Orthoklas, vielfach in Gestalt der Karlsbader Zwillinge ausgebildet, überwiegt an Menge.“ Goethe wiederum hatte einst die als „Karlsbader Zwillinge“ bekannten Feldspatverwachsungen wie folgt beschrieben: „Es sind Doppelkrystalle, welche aus zwey in- und übereinandergreifenden Krystallen zu bestehen scheinen, ohne dass man jedoch den einen oder anderen einzeln denken könnte. Ihre Form ist durch Beschreibung nicht wohl vor die Einbildungskraft zu bringen, man kann sich solche aber im Ganzen als zwey in einander gefügte rhombische Tafeln vorstellen.“

Im Gegensatz zu den beiden anderen Gesteinen der Böhmischen Masse, die mehr als 300 Millionen Jahre alt sind, ist das italienische Tiefengestein mit rund 30 Millionen Jahren nahezu ein „Jüngling".
Das von Edmund von Hellmer entworfene und am 15. Dezember 1900 enthüllte Denkmal weist die höchsten „öffentlichen" Strahlenwerte Wiens auf und kommt auf stolze 0,76 Mikrosievert pro Stunde. Dauerhaft sollte man sich daher hier nicht häuslich einrichten. Goethe selbst, der im Übrigen nie in Wien war, hätte das wahrscheinlich sogar gefallen. Obwohl er dem Bildungsbürgertum vorwiegend als Poet bekannt ist, ging er viele Jahre einem Brotberuf als Bergrat in der Bergwerkskommission des Herzogtums Sachsen-Weimar-Eisenach nach. Ab 1780 beschäftigte sich Goethe intensiv mit geologischen Themen und trug bis zu seinem Tod eine Sammlung aus über 17.800 Gesteinsproben, Mineralien und Fossilien zusammen. Im Jahr 1784 publizierte er sogar eine Betrachtung mit dem Titel „Über den Granit", in der er wortgewaltig schreibt: „Mit diesen Gesinnungen nähere ich mich euch, ihr ältesten, würdigsten Denkmäler der Zeit. Auf einem hohen nackten Gipfel sitzend und eine weite Gegend überschauend, kann ich mir sagen: Hier ruhst du unmittelbar auf einem Grunde, der bis zu den tiefsten Orten der Erde hinreicht, diese Gipfel haben nichts Lebendiges erzeugt und nichts Lebendiges verschlungen, sie sind vor allem Leben und über alles Leben." Nun sitzt er wieder auf „einem hohen nackten Gipfel" und kann die moderat weite Gegend des Opernrings überschauen.

Einzigartig: das Institut für Radiumforschung

Viel nachhaltiger als das Goethedenkmal, von denen es landauf, landab in Europa zahlreiche gibt, ist das zehn Jahre später eröffnete Radiuminstitut. Das Institut ist beispielgebend in vielerlei Hinsicht. Nicht alleine die Tatsache, dass es das erste auf der Welt war, zeichnet es aus,

vielmehr die Tatsache, dass man rasch nach den bahnbrechenden Entdeckungen in der Physik derart vorausschauend in die Zukunft blickte, ist einzigartig. Freilich wäre all das nicht möglich gewesen, wenn nicht ein privater Sponsor hier seine Hand im Spiel gehabt hätte, denn Mittel seitens der öffentlichen Hand waren schon damals knapp und hätten nie ausgereicht. Der großzügige Gönner, Doktor Karl Kupelwieser (1841–1925), war Sohn des berühmten Malers Leopold Kupelwieser, eines engen Freundes von Franz Schubert. Karl war Jurist, Land- und Forstwirt sowie Mäzen. Als solcher stiftete er nicht nur das Institut für Radiumforschung, sondern auch die Biologische Station Lunz am See. Über seine Frau Bertha Kupelwieser, eine geborene Wittgenstein, bestanden verwandtschaftliche Beziehungen zum Philosophen Ludwig Wittgenstein. Karl Kupelwieser war Ehrenmitglied der Österreichischen Akademie der Wissenschaften und ist, wie sein Vater, am Grinzinger Friedhof bestattet (Gruppe 10, Reihe 1, Nummer 12).
Lauschen wir der Rede des Präsidenten der Akademie der Wissenschaften, Professor Eduard Suess, anlässlich der Eröffnung des Radiuminstituts am 28. Oktober 1910:

„Vor einigen Jahren hat der französische Forscher Becquerel an den Uranerzen von Joachimsthal eigenartige Strahlungen wahrgenommen, und es gelang dem Ehepaare Curie in Paris der Nachweis eines Stoffes in diesen Erzen, des Radiums, der durch eine anhaltende Entwicklung von Wärme und Licht den Grundgesetzen der Physik zu widersprechen schien. Nicht sehr lange darauf erschien in unserer Stadt Sir William Ramsay aus London und erläuterte in einem öffentlichen Vortrage einige der merkwürdigsten Eigenschaften dieses rätselvollen Stoffes. Es war jedermann klar, daß hier neue und sehr tiefgreifende Fragen gestellt waren, und da die Natur das bei weitem reichste Vorkommen dieser Uranerze nach Österreich verlegt hatte, fühlten viele, daß es die

Pflicht österreichischer Forscher sei, diese Aufgaben zu verfolgen. Um so schmerzlicher empfand es die kaiserliche Akademie der Wissenschaften, daß in Wien alle materiellen Voraussetzungen für solche Forschungen fehlten, und um so größer war ihre Freude, als ein großdenkender und patriotischer Freund der Wissenschaft in einem Schreiben aus Pörtschach vom 2. August 1908 der Akademie einen Kredit bis zum Betrage von einer halben Million Kronen zur Verfügung stellte, um ein der physikalischen Erforschung des Radiums gewidmetes Institut ins Leben zu rufen. Der Geber ging in seiner Bescheidenheit so weit, daß er die Akademie ersuchte, seinen Namen zu verschweigen. Hier steht das Institut, gebaut und eingerichtet für seinen besonderen Zweck, aufs reichlichste ausgestattet mit erstklassigen Instrumenten und bereit, Forscher aus Österreich wie aus allen Ländern der Erde in seine Räume aufzunehmen. An diesem Tage muß auch die Anonymität des Spenders ihr Ende finden. Eine Marmortafel im Vestibül nennt ihn, Herrn Doktor Karl Kupelwieser, und aus tiefstem Herzen sage ich ihm Dank, nicht nur im Namen der kaiserlichen Akademie der Wissenschaften, sondern, ich darf es wohl aussprechen, im Namen der ganzen gelehrten Welt, die mit Spannung jedem Schritte folgt, welcher uns der Lösung des vorliegenden Rätsel näher führen mag.
Dieses Haus soll nicht eine Schule, sondern eine Werkstätte für ernste Arbeit sein. Das Unterrichtsministerium hat gütigst die laufenden Kosten übernommen. Die wohlwollende Haltung des hohen Arbeitsministeriums, namentlich seines Montandepartements, läßt uns erwarten, daß es hier an den kostbaren Produkten von Joachimsthal nie fehlen wird. So hoffen wir, daß es gelingen wird, hier in erfolgreicher Arbeit das menschliche Wissen zu erweitern und dadurch den Erwartungen des großmütigen Gebers zu entsprechen."

Der Rede folgte lang anhaltender Beifall.

DIE „ASCHANTIS“ IM WIENER THIERGARTEN

Eine Inszenierung als Publikumshit

„Gestern Nachmittag,“ das war Freitag der 10. Juli 1896, „ist in Wien fast die ganze Bevölkerung eines Aschantidorfes, gegen 70 schwarze Männer, Frauen und Kinder, mit dem Ofen-Pester Postschiffe bei der Station Weißgärber gelandet und hat sich in einer langen Wagenreihe über den Ring, Kohlmarkt, Graben, Rothenthurmstraße und Praterstraße in ihre Villenkolonie begeben, die ihnen im Wiener Thiergarten errichtet wurde“, schrieb die „Arbeiter-Zeitung“ über die Ankunft einer Gruppe von Guineern, die in den nächsten drei Monaten die Sensation in der Reichshaupt- und Residenzstadt sein sollten.
Der erwähnte Wiener Thiergarten war nicht der heute allseits bekannte in Schönbrunn, sondern jener Am Schüttel. Er befand sich in der Wiener Leopoldstadt in unmittelbarer Nähe des heutigen Wurstelpraters, wo am 18. Mai 1895 das legendäre und zunächst auch sehr publikumswirksame „Venedig in Wien“ – einer der ersten Themenparks der Welt – eröffnet worden war. Am 3. Juli 1897 sollte dann das Riesenrad seinen Betrieb aufnehmen. Besagte Menagerie geht auf das Jahr 1863 zurück, war also zehn Jahre vor der Wiener Weltausstellung eröffnet worden, sperrte allerdings seine Pforten bereits nach drei Jahren, im September 1866. Trotz Neueröffnung am 1. Mai 1868 und einem Revival 1894 sollte das

Etablissement, das sich mit ethnographischen Darbietungen neu ausgerichtet hatte, bis zur öffentlichen Versteigerung am 17. April 1901 nie so richtig in Schwung kommen. Eine rühmliche Ausnahme bildete die Attraktion des Jahres 1896, als ganz Wien zu den „Aschantis" pilgerte.

Wer waren die „Aschantis", und was taten sie in Wien? Das legendäre Meyers Konversationslexikon weiß eine erste Antwort aus damaliger Sicht: „Aschanti (Ashantee, As-janti), Negerreich in Guinea, im Innern der Goldküste, wird südlich von den unter britischer Oberheit stehenden Negerreichen Akkim und Assin, östlich vom Voltafluß, westlich vom Akba begrenzt, während die Grenze nach Norden zu unbekannt ist. Die Aschanti sind echte, kraushaarige Neger, welche das Odschi sprechen; sie sind namentlich im Teppichweben und in Goldarbeiten geschickt. Das Land ist das eigentliche Goldland von Guinea und Gold das einzige Geld, welches hier in kleinen Stangen von bestimmtem Gewicht im Umlauf ist." Im 19. Jahrhundert, als der „Schwarze Kontinent" auch noch in weiten Bereichen Terra incognita war, rankten sich zahlreiche Mythen und wahre Schauergeschichten um dessen Einwohner. Im Sommer 1873, als die Weltausstellung stattfand, widmete just am 18. August 1873 – an Kaiser Franz Josephs 43. Geburtstag – das „Illustrirte Wiener Extrablatt" dem Thema „Der König von Aschanti und sein Dorf" eine ganzseitige Coverstory samt großformatigem Titelbild. Hier las man zunächst sehr europäisch anmutende Sätze wie: „Aschanti hat sogar eine Verfassung; das Parlament besteht aus den Großen des Reiches, den Cabosis." Doch wenige Zeilen weiter im Text wurde allen Klischees und Vorurteilen Rechnung getragen: „Die Vielweiberei steht hier auf dem Höhepunkte; der König besitzt 3.333 Frauen, und diese kabbalistisch vierfache Dreierzahl muß immer voll erhalten werden. Die Aschanti-Neger sind eine kraft- und muthvolle Race, im Umgange sind sie sehr höflich und leutselig, aber der nie ausgehende

Wiener Thiergarten 1897.
Die Goldküste und ihre Bewohner (Aschanti). — Verkäuferin im Bazar.

Krieg mit den Nachbarn macht sie im höchsten Grade blutgierig. Die Gesetze sind von blutiger Strenge, überhaupt gilt das Menschenleben hier sehr wenig. Bei großen Festen bemächtigt sich des Königs wie seiner Großen ein förmlicher Mordwahnsinn und ein König von Aschanti ließ beim Tode seiner Mutter 3000 Kriegsgefangene schlachten. Die Aschanti's sind Fetisch- oder Thieranbeter und Krokodile, Schlangen, Leoparden, die im Lande häufig vorkommen, sind ihre Götter."

Als dann im Jahre 1896 Guineer über Vermittlung des französischen Kaufmannes Bouvier in Kooperation mit der Verwaltung des Thiergartens erstmals nach Wien kamen, schlug man in der Presse weitaus gemäßigtere Töne an. Im Vorfeld hatte man strohgedeckte niedere Hütten und offene Werkstätten samt einem geräumigen Tanzplatz errichtet und versucht, ein afrikanisches Dorf zu schaffen. Und so wurde das Leben der neu angekommenen Schwarzafrikaner gleich zum business as usual: „Die Leute leben hier fast so ungezwungen wie in ihrer afrikanischen Urheimat, sie sind mit ihren schwarzen Kindern, die auch alle Unarten weißer europäischer Kinder besitzen, eifrig beschäftigt. Zumeist werden die Kinder von den Weibern während der Arbeit auf den Rücken getragen, wo die Kleinen aus einer sackartigen Kleidfalte munter hervorlugen. Die Männer beschäftigen sich mit allen Arbeiten, auch ein Goldarbeiter ist unter ihnen", schildert die „Wiener Zeitung" am 12. Juli 1896. Rund zehn Tage später zeigte sich das Leben Am Schüttel schon höchst divers, wie der „Reichspost" vom 23. Juli zu entnehmen war: „Die schwarzen Burschen, die sich da unten mit ihren Familien niedergelassen haben, erwerben sich rasch Freunde, und die Hütten, in welchen sie ihre Arbeiten ausführen, sind stets von einer großen Menschenmenge umlagert. Man sieht da Gold-, Silber- und Waffenschmiede, Bootbauer, Weber, Schneider, Tänzer, man sieht die Kinder in der Schule, wie sie von dem ‚Professor' das Aschanti-Alphabet vorsagen, man sieht die Aschantisweiber in der Küche ihres Amtes

walten. Kurz, die ganze Schaustellung bietet soviel Interessantes, daß wir nur jedem unserer Leser rathen möchten, sich das Stück Afrika, das im Wiener Thiergarten improvisirt wurde, anzusehen."

Das „Aschanti"-Dorf bringt Besucherrekorde

Derartige, groß inszenierte Schauen fremder, vielfach als „wild" bezeichneter Völker vornehmlich aus Afrika waren im 19. und frühen 20. Jahrhundert in Europa weit verbreitet. Diese Völkerschauen bedienten Klischees und trugen zur Manifestation rassistischer Haltungen bei, deren Nachwirkungen noch lange spürbar sein sollten.

Der Thiergarten hatte die Gunst der Stunde erkannt und nicht nur die Eintrittspreise moderat angehoben, sondern auch sein kulinarisches Service ausgebaut. So offerierte man im Restaurant eine „Aschanti-

Suppe“ und „Aschanti-Braten“, die „genau nach dem afrikanischen Recept“ hergestellt wurden. Details zu diesen kulinarischen Ausflügen der Wiener sind leider nicht erhalten.

Die Guineer beschränkten sich nicht darauf, sich nur in dem ihnen zugewiesenen „Dorf“ aufzuhalten. Kaum in Wien angekommen, erkundeten sie die Stadt und gerieten bald in den Blickpunkt der Medien. „Nicht geringes Aufsehen erregte gestern am Naschmarkt ein Aschanti-Neger, welcher eine Frau bei ihren Einkäufen begleitete. Galant trug er den vollbepackten Einkaufskorb“, notiert „Das Vaterland“ am 17. Juli 1896. Die Wiener hatten die Gäste bald ins Herz geschlossen, sie avancierten zu Publikumslieblingen ersten Ranges, allen voran die Kinder. Diese durften manches Mal vormittags mit dem „Miniatur-Omnibus des Thiergartens eine Rundfahrt durch die Stadt unternehmen“ (Die Presse, 19. Juli 1896).

Das „Aschanti“-Dorf sorgte für Besucherrekorde. Am 27. Juli kamen 22.300 Gäste, und man hatte nicht nur alle Mühe, die Ordnung aufrechtzuerhalten, sondern den schier endlosen Warteschlangen bei den Kassen gerecht zu werden. Von nun an boten fast alle Trafiken Eintrittskarten an. Der Erfolg sollte anhalten, alleine im September zählte man 193.922 Besucher.

Am 18. August gab es im Prater einen großen Festakt zum Geburtstag des Kaisers. Den Auftakt machte der Aufmarsch von 20 Musikkapellen mit insgesamt 400 Mann beim Tegetthof-Denkmal. Jede Praterinstitution, ob Jantsch-Theater, Marionetten-Theater oder „Venedig in Wien“, alle bis hin zum Thiergarten waren mit von der Partie. Hier war einer der Highlights der im „Aschanti“-Dorf um 9 Uhr abends von der Truppe aufgeführte Fetisch-Tanz. Dafür waren wenige Tage zuvor 25 Guineer aus Budapest per Schiff extra angereist, um ihre Wiener Freunde zu verstärken. Obwohl die „Budapester Aschantis“ eigentlich nur wenige Tage bleiben sollten, ließen sie sich in Wien nieder, und der

Thiergarten warb fortan mit „100 Eingeborenen". Auch eine „Aschanti-Taufe" wurde seitens des Thiergartens schon im Vorfeld gut beworben, wie der „Arbeiter-Zeitung" zu entnehmen ist: „Die Zeremonie der Geburtsweihe selbst wird gewiß das Interesse aller Zuseher erwecken." Die am 30. Juni in Budapest geborene Tochter des Medizinmannes Mensah Oholi und seiner „Gemahlin Nummer 3", Oode, wurde in die Religionsgemeinschaft der Fetischisten aufgenommen. Für dieses Fest war Herr Botje, Stammesoberhaupt aller in Europa weilenden Guineern, mit seinen Begleitern nach Wien gekommen.

Zwischenfälle im Alltagsleben der „Aschantis"

Während des Sommers war der Aufenthalt in Wien für die Gäste, die tropische Temperaturen gewohnt waren, durchwegs angenehm, doch mit Einsetzen der kühleren Jahreszeit kam es zu ersten Problemen. Die Meldung, dass der Waffenschmied der Guineer, der 28-jährige John Ahadi, „dem Einfluß des ungewohnten nordischen Klimas zum Opfer gefallen" war („Die Presse", 5. Oktober 1896), rührte die Herzen der Wiener. Ahadi – „Er war Heide und Fetischanbeter" – war am 30. September mit einer Lungenentzündung in das Spital der Barmherzigen Brüder gebracht worden und am Sonntag, den 4. Oktober kurz vor Mitternacht verstorben. Begraben wurde er am nächsten Tag am Wiener Zentralfriedhof, nachdem sich die Seinen beim Prior der Barmherzigen Brüder „durch Geberden" bedankt und alle stammesüblichen Begräbnisrituale vollzogen hatten. „Die Stammesgenossen stellten sich zu beiden Seiten des Sarges auf, murmelten halblaut Worte und verabschiedeten sich vom Todten, indem sie dessen Schulter berührten."
In der letzten Woche ihres Wien-Aufenthaltes war hoher Besuch angesagt. Kein Geringerer als Thronfolger Erzherzog Franz Ferdinand geruhte, das Dorf am Samstag, den 10. Oktober, zu besuchen. Die Guineer hatten ihrerseits nach „orientalischer Sitte" als Dank für die

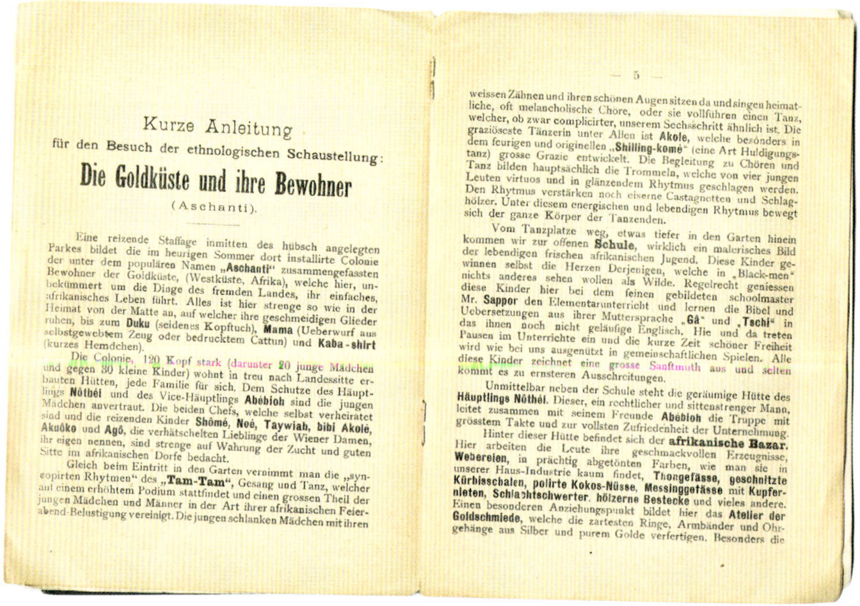
Kurze Anleitung
für den Besuch der ethnologischen Schaustellung:
Die Goldküste und ihre Bewohner
(Aschanti).

Eine reizende Staffage inmitten des hübsch angelegten Parkes bildet die im heurigen Sommer dort installirte Colonie der unter dem populären Namen „**Aschanti**“ zusammengefassten Bewohner der Goldküste, (Westküste, Afrika), welche hier, unbekümmert um die Dinge des fremden Landes, ihr einfaches, afrikanisches Leben führt. Alles ist hier strenge so wie in der Heimat von der Matte an, auf welcher ihre geschmeidigen Glieder ruhen, bis zum **Duku** (seidenes Kopftuch), **Mama** (Ueberwurf aus selbstgewebtem Zeug oder bedrucktem Cattun) und **Kaba-shirt** (kurzes Hemdchen).

Die Colonie, 120 Kopf stark (darunter 20 junge Mädchen und gegen 30 kleine Kinder) wohnt in treu nach Landessitte erbauten Hütten, jede Familie für sich. Dem Schutze des Häuptlings **Nôthél** und des Vice-Häuptlings **Abébioh** sind die jungen Mädchen anvertraut. Die beiden Chefs, welche selbst verheiratet sind und die reizenden Kinder **Shômé**, **Noé**, **Taywiah**, **bibi Akolé**, **Akuôko** und **Agô**, die verhätschelten Lieblinge der Wiener Damen, ihr eigen nennen, sind strenge auf Wahrung der Zucht und guten Sitte im afrikanischen Dorfe bedacht.

Gleich beim Eintritt in den Garten vernimmt man die „syncopirten Rhytmen“ des „**Tam-Tam**“, Gesang und Tanz, welcher auf einem erhöhtem Podium stattfindet und einen grossen Theil der jungen Mädchen und Männer in der Art ihrer afrikanischen Feierabend-Belustigung vereinigt. Die jungen schlanken Mädchen mit ihren

— 5 —

weissen Zähnen und ihren schönen Augen sitzen da und singen heimatliche, oft melancholische Chöre, oder sie vollführen einen Tanz, welcher, ob zwar complicirter, unserem Sechsschritt ähnlich ist. Die graziöseste Tänzerin unter Allen ist **Akole**, welche besonders in dem feurigen und originellen „**Shilling-komé**“ (eine Art Huldigungstanz) grosse Grazie entwickelt. Die Begleitung zu Chören und Tanz bilden hauptsächlich die Trommeln, welche von vier jungen Leuten virtuos und in glänzendem Rhytmus geschlagen werden. Den Rhytmus verstärken noch eiserne Castagnetten und Schlaghölzer. Unter diesem energischen und lebendigen Rhytmus bewegt sich der ganze Körper der Tanzenden.

Vom Tanzplatze weg, etwas tiefer in den Garten hinein kommen wir zur offenen **Schule**, wirklich ein malerisches Bild der lebendigen frischen afrikanischen Jugend. Diese Kinder gewinnen selbst die Herzen Derjenigen, welche in „Black-men“ nichts anderes sehen wollen als Wilde. Regelrecht geniessen diese Kinder hier bei dem feinen gebildeten schoolmaster Mr. **Sappor** den Elementarunterricht und lernen die Bibel und Uebersetzungen aus ihrer Muttersprache „**Gâ**“ und „**Tschi**“ in das ihnen noch nicht geläufige Englisch. Hie und da treten Pausen im Unterrichte ein und die kurze Zeit schöner Freiheit wird wie bei uns ausgenützt in gemeinschaftlichen Spielen. Alle diese Kinder zeichnet eine grosse Sanftmuth aus und selten kommt es zu ernsteren Ausschreitungen.

Unmittelbar neben der Schule steht die geräumige Hütte des **Häuptlings Nôthél**. Dieser, ein rechtlicher und sittenstrenger Mann, leitet zusammen mit seinem Freunde **Abébioh** die Truppe mit grösstem Takte und zur vollsten Zufriedenheit der Unternehmung.

Hinter dieser Hütte befindet sich der **afrikanische Bazar.** Hier arbeiten die Leute ihre geschmackvollen Erzeugnisse, **Webereien**, in prächtig abgetönten Farben, wie man sie in unserer Haus-Industrie kaum findet, **Thongefässe**, **geschnitzte Kürbisschalen**, **polirte Kokos-Nüsse**, **Messinggefässe** mit **Kupfernieten**, **Schlachtschwerter**, **hölzerne Bestecke** und vieles andere. Einen besonderen Anziehungspunkt bildet hier das **Atelier der Goldschmiede**, welche die zartesten Ringe, Armbänder und Ohrgehänge aus Silber und purem Golde verfertigen. Besonders die

Gastfreundschaft „200 der schönsten von ihnen angefertigten Gegenstände ausgewählt, um sie in Form einer großen Gratisverlosung dem Wiener Publicum zu widmen.“

Als der Aufenthalt der Guineer in Wien seinem Ende zuging, sorgten noch einige Meldungen für Aufsehen. Die Top-Schlagzeile war freilich jene der „Presse“ vom 13. Oktober 1896: „Die Gattin des Aschantihäuptlings vor Gericht“. Die 19-jährige Hermine Schandl, Kassiererin in „Venedig in Wien“, wurde, als sie im „Aschanti“-Dorf zu Besuch war, von der 28-jährigen Jaboley Domeï, Frau des Häuptlings Kuaku Domeï, „während sie dieselbe leicht berührte, mit den Fingernägeln im Gesicht zerkratzt.“ Die neugierige Wienerin hatte Domeï bei der Verrichtung ihrer häuslichen Arbeit beobachtet und hatte sie dabei (unabsichtlich, wie sie versicherte) berührt. So kam es zur Reaktion der Guineerin, die sich scheinbar bedrängt fühlte. Das Bezirksgericht Leopoldstadt musste daher aufgrund der Übertretung des Paragraphen 411, leichte Körperverletzung, tätig werden. Nach der ersten Verhandlung wurde vertagt, um Zeugen zu laden und einen Lokalaugenschein vor Gericht durchzuführen. Schließlich gab es ein Happy End: Hermine Schandl verzieh Jaboley Domeï, der zugestanden wurde, nicht in böser Absicht, sondern in Notwehr gehandelt zu haben.

Aufmerksame Leser bemerkten auch am 13. Oktober 1896 eine kurze Meldung im „Vaterland" betreffend Ala, einem Bruder des zuvor verstorbenen John Ahadsi: Von „plötzlichem Unwohlsein befallen" wurde dieser bei den Barmherzigen Brüdern eingeliefert. Die Diagnose: „leichtes gastrisches Fieber, hervorgerufen durch ungewohnten Genuß von kaltem Bier".

Eine nicht minder überraschende, diesmal positive Meldung ist der „Presse" vom 14. Oktober zu entnehmen: „Die Aschanti im Carltheater." Am Tag der Gerichtsverhandlung besuchte Häuptling Kuaku mit Frau und Gefolge das Theater. Hier gab man an diesem Abend die Operette „Der Zauberer vom Nil" (Libretto: Harry B. Smith/Deutsch von Alexander Neuman, Musik: Victor Herbert).

Am Montag, den 19. Oktober, war es dann soweit: Die „Wiener Aschantis" verließen um 19 Uhr den Thiergarten und begaben sich zum Westbahnhof, wo sie mit dem Nachtzug ihre Rückreise via Marseille nach Guinea antraten.

Was blieb von dem außergewöhnlichen Besuch in Wien? Am bekanntesten sind 32 Prosaskizzen aus dem Jahr 1897 von Peter Altenberg, der des Öfteren bei den Guineern im Thiergarten zu Besuch war: „Ashantee – Im Wiener Thiergarten bei den Negern der Goldküste, Westküste".

DINOSAURIER IN WIEN

Kleine Knochen, große Fakes und ein exzentrischer Baron

Im Jahr 1842 wurde der Ausdruck „Dinosaurier" vom englischen Anatomen Sir Richard Owen zum ersten Mal verwendet. Den Begriff leitete er aus dem Griechischen ab: *deinos* für „schrecklich" und *sauros* für

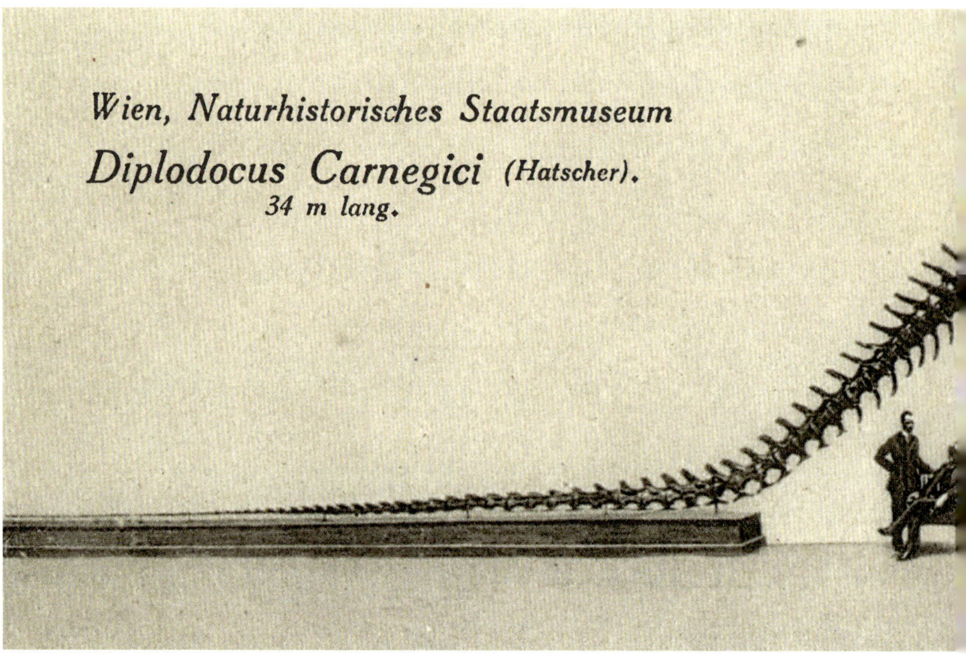

„Echse". Überreste dieser Reptilien waren den Gelehrten schon früher untergekommen, die Zuordnung der Knochen und Zähne zu bekannten Tiergruppen war aber noch nicht möglich. Als Robert Plot 1677 erstmals ein Dinosaurierfossil beschrieb, deutete er den Oberschenkelknochen als Fragment eines Elefantenknochens. Denselben Knochen hielt Richard Brookes im Jahr 1763 sogar für den versteinerten Hodensack eines riesigen Menschen! Erst 1824 erkannte der englische Geologe William Buckland den Irrtum und führte den Namen *Megalosaurus* für das Lebewesen ein, dem der Oberschenkel zuzuordnen war. Ein Jahr später führte der englische Arzt Gideon Algernon Mantell mit *Iguanodon* den zweiten Namen für Dinosaurier ein. Danach setzte ein Dinosaurier-Fieber ein, das bis heute weltweit Menschen dazu treibt, Paläontologie zu studieren.

Nur Österreich war gegen dieses Fieber relativ immun. Riesige Dinosaurier wird man in Österreich vergeblich suchen. Zur Zeit der Dinosaurier waren die Bereiche, die später Österreich bilden sollten, weitgehend durch den Tethys-Ozean bedeckt. Die mächtigen Meeresablagerungen dieser Zeit treten heute zum Beispiel in den Kalkalpen zutage. Typische Fossilien des Erdmittelalters sind hier dementsprechend Meeresbewohner wie die mit den Tintenfischen verwandten Ammoniten. Erst gegen Ende der Kreidezeit, vor etwa 80 Millionen Jahren, begannen sich kleine Inseln aus dem Meer zu heben. Dichte tropische Sumpfvegetation und Süßwasser bildeten die Vorbedingung dafür, dass sich auch Wirbeltiere auf diesen Inseln ansiedeln konnten. Die geologischen Spuren dieser Archipele in Form von Kohleflözen finden sich vom heutigen Rumänien über Ungarn sogar bis Österreich. Eine dieser Lagerstätten wurde im 19. Jahrhundert unter anderem bei Muthmannsdorf, rund 12 Kilometer nordwestlich von Wiener Neustadt, erschlossen und abgebaut. Naturgemäß interessierten sich auch die Geologen für diese willkommenen Einblicke in den Bau der Alpen. So besuchte auch der Wiener Geologe Ferdinand Stoliczka im Jahr 1859 das Kohlenbergwerk „Gute Hoffnung". Neben den noch wenig erforschten kreidezeitlichen Gesteinen erweckte auch ein unscheinbarer Zahn das Interesse des Geologen, da er ihn an das Exemplar eines Dinosauriers erinnerte – eben an jenen des von Mantell beschriebenen *Iguanodon*. Der aufgeschlossene Bergverwalter Josef Pawlowitsch wurde ins Vertrauen gezogen und dahingehend instruiert, nach weiteren Fossilien Ausschau zu halten. Nach anfänglichen Misserfolgen konnten schließlich einige braunschwarze Knochen und Zähne geborgen werden. Stoliczka wurde schon bald darauf zum Geologischen Dienst in Indien berufen, wo er bahnbrechende Arbeiten zum Himalaya-Gebiet publizierte – Muthmannsdorf war für ihn rasch Geschichte. So blieben die Fossilien vorerst in den Laden

der Wiener Universität versteckt und wurden gleichsam ein zweites Mal begraben.
Erst zwei Dekaden später erkannte der gelernte Mediziner und Hobby-Paläontologe Emanuel Bunzel das Potential der Funde und beschrieb in seiner Arbeit von 1871 die ersten österreichischen Dinosaurier – darunter *Struthiosaurus austriacus*, einen etwa 2,5 Meter langen, vierbeinigen Pflanzenfresser, der mit Stacheln bewehrt war. Da nur wenige Einzelknochen gefunden wurden, war die Zuordnung der übrigen Funde zu verschiedenen Dinos schwierig. Heute werden aus Muthmannsdorf neben *Struthiosaurus* noch ein kleiner Fleischfresser der Gattung *Megalosaurus* und ein tatsächlich mit *Iguanodon* verwandter Pflanzenfresser der Gattung *Zalmoxes* von den Paläontologen anerkannt. Neben echten Dinosauriern gelangten auch ein Unterkieferfragment und einige Fingerknochen eines Flugsauriers ans Tageslicht. Die wenigen Reste lassen vermuten, dass *Ornithocheirus bunzeli* etwas weniger als zwei Meter Flügelspannweite erreichte. Die Fossilien der Dinos und anderer Reptilien aus Muthmannsdorf sind heute in den Sammlungen des Paläontologischen Instituts der Universität Wien im Geozentrum in der Althanstraße 14 verwahrt.

Eine Tour zu den Wiener Dinosauriern

Während die wissenschaftlichen Sammlungen nur Spezialisten zu Verfügung stehen, ist das Geozentrum öffentlich zugänglich. Trotzdem ist die kleine Ausstellung an Gesteinen und Fossilien nahezu unbekannt. Wer sich trotzdem ins Geozentrum verirrt, wird im Eingangsbereich von einem beeindruckenden Skelett eines nordamerikanischen *Stegosaurus stenops* empfangen. Gleich neben dem mit Rückenplatten bewehrten Pflanzenfresser ist das Bein eines *Diplodocus* montiert, und hoch über den Köpfen der Studierenden schwebt das Skelett des Flugsauriers *Anhanguera blittersdorffi* aus Brasilien. Alle drei Schauobjekte sind allerdings Abgüsse. Die österreichischen Dinos sind hier nicht ausgestellt. Daher wurden von einigen Knochen und Stacheln des Muthmannsdorfer *Struthiosaurus* Abgüsse angefertigt, die in Saal 8, dem Mesozoikum-Saal des Naturhistorischen Museums zu sehen sind. Hier finden sich auch einige weitere Dinosaurier wie der mit drei Hörnern und einem bizarren Schild verzierte Schädel eines *Ceratosaurus montanus* aus Montana und das riesige Hinterbein eines *Ultrasaurus* aus Utah – auch diese Dinos sind allerdings Abgüsse.

Wenige Meter weiter, in Saal 10, blicken dem Publikum ein fünf Meter hoher kreidezeitlicher *Iguanodon bernissartensis* aus Belgien und ein dynamisch montierter *Allosaurus fragilis* aus dem späten Jura von Utah ins Auge. Als Pendant zum Skelett faucht ein lebensecht rekonstruierter und animierter *Allosaurus*. Der Star der auf einem zentralen Podium montierten Skelettgruppe aber ist ein riesiger *Diplodocus carnegii* aus dem Jura Nordamerikas, der sich mit seinem langen Hals und seinem ausgedehnten Schwanz durch den gesamten Saal erstreckt. Das 26 Meter lange Skelett war ein wirklich imperiales Geschenk des amerikanischen Magnaten Andrew Carnegie an Kaiser Franz Josef I.. Carnegie war ein Großindustrieller, der seinen Reichtum nutzte, um Bibliotheken einzurichten und die Wissenschaft zu fördern. Er finanzierte die Ausgrabung des *Diplodocus*-Skeletts und dessen Montage. Von der nach ihm benannten gewaltigen Dinosaurier-Art war er begeistert. Er ließ Kopien des fossilen Skeletts herstellen und an die zehn bedeutendsten Museen der Welt verschenken. Daher findet sich in den Inventarbüchern des Naturhistorischen Museums der Vermerk: „*Diplodocus carnegii*, Seiner kaiserlich-königlichen apostolischen Majestät von Dr. Andrew Carnegie gewidmet, 1909". Das Skelett ist also, so wie seine Podest-Nachbarn, ein Abguss. Doch das sollte den Kaiser nicht hindern, das „kolossale Gipsmodell", das damals im Vestibül des ersten Stocks stand, am 24. September 1909 persönlich zu begutachten.

„Work in Progress" – Blick in die Unterkonstruktion des Dinosauriersaales im Naturhistorischen Museum

Dem „Wiener Salonblatt" vom 2. Oktober sind Details der Audienz zu entnehmen: „Se. Majestät brachte dem Geschenke das lebhafteste Interesse entgegen und ließ Sich von Dr. Holland (Direktor des Carnegie Instituts in Pittsburg, USA) und Dr. Steindachner (Intendant des Museums) zahlreiche Aufklärungen über die Auffindung und Ausgrabung des Diplodocus geben. Nach viertelstündigem Verweilen verließ der Monarch sodann das Museum und fuhr in die Hofburg." Der Dinosaurier-Saal birgt noch etliche weitere Dinos, darunter die Schädelabgüsse eines *Tyrannosaurus rex* und eines *Triceratops horridus* aus der Kreide South Dakotas. Originale sind die Skelette der mongolischen Hornschnabeldinosaurier *Protoceratops andrewsi* und *Psittacosaurus mongoliensis*. Eier von verschiedenen Dinos, diverse Flugsaurier, darunter ein wertvolles Original mit Abdrücken der Flughaut, und die lebensgroße Rekonstruktion des gefiederten Raubsauriers *Deinonychus* runden die Sammlung ab. Da nach derzeitigem Stand der Forschung Vögel lediglich einen kleinen Zweig im Stammbaum der Dinosaurier darstellen, gäbe es im Hochparterre in den vier Sälen der Ornithologie noch ein paar tausend weitere Dinos zu bewundern.

Insgesamt kann man in Wien somit Skelette oder Skelettteile von 20 verschiedenen Dinosauriern, Flugsauriern und Urvögeln bewundern, wenn auch in vielen Fällen nur als Kopie. Dazu kommen noch zahlreiche Dino-Eier, Spuren, Hautabdrücke, Rekonstruktionen und Dino-Kot, den man im Naturhistorischen Museum sogar berühren kann. Für die wissenschaftliche Forschung sind die Abgüsse aber weniger geeignet, und aufgrund des geringen Anteils an Originalen haben sich nur wenige österreichische Geologen und Paläontologen mit Dinosauriern beschäftigt.

Vom Leben und Sterben des Dino-Forschers Baron Nopcsa

Eine herausragende Ausnahme und schillerndste Figur unter den österreichischen Erdwissenschaftlern war der 1877 im damals ungarischen Siebenbürgen geborene Baron Franz Nopcsa von Felső-Szilvas. Nopcsa kam als Schüler ans Theresianum nach Wien und begann, unter dem schon damals berühmten Geologen Eduard Suess an der Universität Wien zu studieren. Suess war es auch, der den begabten jungen Studenten dazu bewegte, die von den rumänischen Ländereien der Familie mitgeführten Dinosaurier-Knochen zu bearbeiten. Mit 22 Jahren präsentierte Nopcsa schließlich seine erste wissenschaftliche

Abhandlung über einen der transsilvanischen Dinosaurier. Außer einer kurzen Anstellung als Direktor des Königlichen Ungarischen Geologischen Institutes blieb der impulsive Nopcsa zeitlebens Privatier und lebte in Singerstraße Nummer 12 im ersten Wiener Bezirk. Fachlich verschlug es den Erdwissenschaftler nach Albanien, wo er die Geologie und Geographie des damals noch wild-exotischen Balkanlandes studierte. Als überzeugter Anhänger der Österreichisch-Ungarischen Monarchie beobachtete er die zunehmend aggressiveren Versuche der Osmanen und Serben, ihren Einfluss am Balkan auszuweiten, mit großer Sorge. In Absprache mit dem Generalstabschef des Österreichisch-Ungarischen Reiches, Graf Conrad von Hötzendorf, wurde er in Albanien konspirativ tätig. Als Spion der Monarchie – der gleichzeitig das Land geologisch kartierte – versuchte er, die albanischen Stämme zu bewaffnen und einen Guerillakrieg gegen die Türken anzuzetteln. Es wurde ihm sogar in Aussicht gestellt, als König Albaniens unter dem Protektorat Österreich-Ungarns installiert zu werden. Diese Bestrebungen machte der Erste Weltkrieg zunichte. Neben dem politischen Fiasko war der Krieg für Nopcsa auch finanziell verheerend. Durch den Anschluss von Siebenbürgen an Rumänien verlor er den Familienbesitz und damit einen wesentlichen finanziellen Rückhalt.

Ungebrochen blieb seine Liebe zu den Dinosauriern. Die Entdeckung von mehr als 25 neuen Dino-Gattungen und -Arten geht auf sein Konto. Völlig neue Wege beschritt Nopcsa auch bei seinen Versuchen, die Biologie der ausgestorbenen Reptilien als Lebewesen zu verstehen, indem er sich Gedanken zu Weichteilen, Bewegungsmechanik und Farbgebung machte. Auch die Dinosaurier und Reptilien von Muthmannsdorf unterzog er 1926 im „Centralblatt für Mineralogie, Geologie und Paläontologie“ einer kritischen Revision.

Eine weniger glückliche Liebe als jene zu den Dinosauriern verband ihn mit dem Albaner Bajazid Elmas Doda, den er als Sekretär angestellt hatte. Rund 100 Jahre vor der ersten Wiener Regenbogenparade und noch fern von der Gleichstellung gleichgeschlechtlicher Beziehungen bedeutete diese Liaison sicher eine zusätzliche psychische Belastung für den jungen Baron. Nopcsa war somit in jeder Hinsicht in die falsche Zeit geboren. Am 25. April 1933 war er am Ende. Er versetzte den Tee seines Freundes mit Schlafmittel und erschoss den schlafenden Doda, ehe er sich selbst eine Kugel in den Mund jagte. Medien wie die „Neue Freie Presse" titelten noch am selben Tag in der Abendausgabe: „Mordtat eines ungarischen Aristokraten in Wien – Selbstmord des Täters." Viel dramatischer schildert das „Österreichische Abendblatt", das 1933 gegründet worden war und offensichtlich auf reißerische Schlagzeilen setzte, den Unglücksfall: „Mord in der Singerstraße: Albaniens Thronfolger erschießt seinen Freund" und veröffentlicht auch gleich den Abschiedsbrief im Original-Ton: „Die Ursache meines Selbstmordes ist mein zerrüttetes Nervensystem; daß ich auch meinen langjährigen Freund und Sekretär, Herrn Majazid Elmas Doda, im Schlafe und ohne daß er es vorausgeahnt hätte, erschossen habe, liegt darin, daß ich ihn krank, elend und ohne Geld nicht auf der Welt zurücklassen wollte, da er dann zuviel gelitten hätte. Ich wünsche verbrannt zu werden." Wer dem bedeutendsten Dinosaurier-Forscher Österreichs die letzte Ehre erweisen möchte, findet die Urne des Barons in der Feuerhalle Simmering, Abteilung 3, Ring 3, Gruppe 8, Nummer 44.

Die Wiener Dinosaurier sind also vorwiegend Importe aus dem Ausland und vielfach Abgüsse. Die wenigen echten Österreicher unter den Dinos sind nicht nur eher unansehnlich, sondern auch recht klein. Dieses Manko ist aber zugleich ein sehr spannender Aspekt: Wieso sind die Dinos der kreidezeitlichen Archipele so viel kleiner als ihre Verwandtschaft vom Festland? Dahinter steckt ein evolutionäres Prinzip, das unter dem Begriff des Insel-Nanismus oder der Insel-Verzwergung bekannt ist: Ehemals große Wirbeltier-Arten beginnen, sobald sie auf Inseln isoliert sind, rasch ihre Körpergröße zu reduzieren. Ursache ist das geringere Nahrungsangebot auf den Inseln. Zusätzlich ist Riesenwuchs oft eine Strategie, um Feinden auszuweichen. Wenn weniger Räuber präsent sind, fehlt dieser Selektionsdruck – Riesenwuchs wäre Energieverschwendung. Ganz ähnlich erging es den Waldelefanten der Eiszeit, die auf den Mittelmeerinseln rasch zu Zwergelefanten wurden. Die wiederum waren Vorlage für die Sage von den einäugigen Zyklopen – aber das ist eine andere Geschichte …

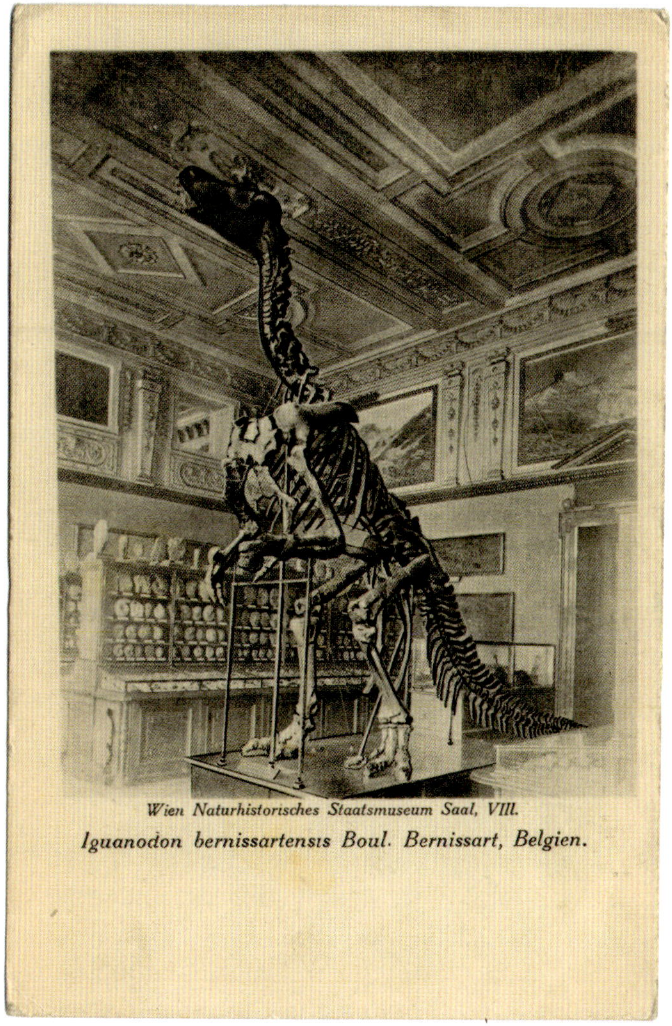

Dieser Iguanodon *besteht ebenfalls aus Abgüssen und wurde im Tauschweg erworben*

WIEN, DIE STADT DER LÖWEN

Allgegenwärtige Begegnungen mit dem König der Tiere

Stephansdom, Riesenrad und Schönbrunn – keine Frage, das sind Wiener Wahrzeichen. Ob Sachertorte, Wiener Schnitzel oder Lipizzaner das Zeug zum Fahnenträger der Stadt haben, könnte man diskutieren. Und dann wären da noch die Löwen bei der Nussdorfer Wehr zu nennen. Sie wurden 1898 euphorisch „ein neues Wahrzeichen Wiens" genannt, so die Headline der Zeitschrift „Wiener Bilder" vom 3. April 1898. Anlass war die Fertigstellung der Nussdorfer Wehr. Die Schlagzeile galt den dortigen Löwenfiguren. „Weyr schuf zwei Löwen, die in Kampfesstellung auf hohem Piedestal in die Lüfte ragen, und das erste der beiden Wahrzeichen prangt bereits an seinem Bestimmungsorte in Nußdorf, wo es eine markante Vedute bildet, die sich vom Hintergründe, dem Leopoldsberg, malerisch abhebt. In der nächsten Zeit soll am linken Ufer der zweite Löwe ausgestellt werden, womit Wien ein neues, bedeutsames Wahrzeichen gewinnt, das die Krönung eines großen und für die Kaiserstadt wichtigen Werkes bildet." Die Rede ist hier vom Hochwasserschutz bei der Nussdorfer Schleuse samt Schemmerlbrücke, deren architektonische Gestaltung in den Händen Otto Wagners lag. Tatsächlich hatte der Wiener Bildhauer Rudolf Weyr (1847–1914) zwei Löwen geschaffen, die allen Anforderungen eines Wahrzeichens entsprechen, auch wenn sie letztendlich nie als solches angesehen wurden. „Es sind geradezu heroische Löwen“, schreibt das „Neue Wiener Tagblatt“ am 17. August 1941, das hier im Anschluss des Öfteren in Sachen Löwen zitiert werden soll. Besagte Nussdorfer Löwen dienten auch als Vorlage für das Markenzeichen der Autofabrik Gräf & Stift. Diese Firma baute nicht nur das Gefährt, in dem 1914 der Thronfolger Franz Ferdinand und seine Frau Sophie Fürstin Hohenberg in Sarajevo erschossen wurden, sondern auch Autobusse für die Wiener Linien. So gesehen ist Wien eine Stadt der Löwen, was für eine Kaiserstadt doch durchaus passend ist.

„Ein neues Wahrzeichen Wiens“ – Löwe von Rudolf Weyr bei der Nussdorfer Schleuse

Löwengasse: Nomen est omen

Löwen (*Panthera leo*) – symbolkräftige Tiere, wenn es um Macht geht – sind in städtischem Gebiet weiter verbreitet, als man vermuten würde. Wer sich auf urbane Löwenjagd begibt, wird sie nicht nur in der Löwengasse im dritten Bezirk finden. Hier verzierte 1922 das Architektenteam Mautner & Rothmüller die Fassade des Löwen-Kinos (Nummer 33, heute eine Filiale der Supermarktkette Billa) nebst einer tragischen und komischen Maske mit dem Relief eines stolz schreitenden Löwen. Richtung Rasumofskygasse stößt man beim Hundertwasserhaus (Ecke Kegelgasse) auf jede Menge Löwen und bunt glasierte Kegel – eine Referenz Hundertwassers an die Namen der hier sich kreuzenden Straßen. Alleine die Vielfalt der Posen der acht Löwen am Geländer

Über alles erhabener Löwe in der Löwengasse nach dem Vorbild des Nussdorfer Schleusenlöwen

des Terrassencafés und der vier Löwenköpfe ist bemerkenswert, wenn es sich hier auch um Massenware handelt – es sind Steingussfiguren, die man in Baumärkten erhält.

Der nächste Halt ist in Höhe des Palais des Beaux Arts beim Rudolf von Alt Platz einzulegen. Auf den Eckhäusern thronen hoch am Dach zwei stolze Löwen. Die weiß getünchten, steinernen Statuen sehen aus, als wären sie die geklonten Brüder der Nussdorfer Löwen Weyrs. Der Altersunterschied – die Löwen hier stammen aus den Jahren 1906 (Haus Nummer 7) beziehungsweise 1908 (Haus Nummer 1) – würde die These untermauern, dass die Nussdorfer Löwen als Vorbild dienten. Der Beweis durch Kunsthistoriker fehlt noch. Beim Café Zartl, das bei Kennern als Literatencafé bekannt ist (Ecke Rasumofskygasse/Marxergasse), befindet sich in einer Nische im zweiten Stock ein buntes Löwenbildnis (signiert von E. Bauer 1996).

Die Löwen im Areal der Wiener Hofburg

Vom Erdberger Löwengrätzl geht's in die Innenstadt in das weitläufige Areal der Wiener Hofburg. Ganz staatstragend zeigen sich die vier Löwen am Heldenplatz vor dem Eingang der Nationalbibliothek. Aufrecht sitzend halten sie mit einer Pfote eine Wappenkartusche. Fritz Zerritsch (1865–1938), ein Schüler Victor Tilgners, schuf sie aus braunem Sandstein der Kreidezeit (Plänersandstein) von Hořitz in Tschechien. Bei genauerer Betrachtung zeigt sich deren raue Oberfläche, die wohl das Fell simulieren soll. „Realistische Löwen, die sich durchaus sehen lassen können", urteilte oben erwähntes „Tagblatt".
Wir setzen unsere Entdeckungsreise in den Inneren Burghof fort. Vor dem Schweizertor sitzen zwei Löwen auf ihren Hinterbeinen, als würden sie Männchen machen. Sie sind nicht sonderlich groß, wirken gefährlich und trotz Krone und Wappenkartuschen auch nicht wirklich majestätisch, strecken sie doch frech ihre Zungen aus Kupfer heraus. Von der Herkunft sind sie Burgenländer, man hat sie aus gelblichem Leithakalk, der aus dem Steinbruch Sankt Margarethen stammt, geformt. Dazu notierte das „Tagblatt": „Das schöne Renaissance-Schweizertor im inneren Burghof flankieren zwei Löwen, die einen geradezu possierlichen Eindruck machen: Es sind zwei als Löwen frisierte Pudel, von denen jeder eine Krone trägt und einen Schild hält. Kaiser Ferdinand I. hat sie aufstellen lassen und sicher seine Freude an den netten Tierfiguren gehabt."
Ebenfalls im Inneren Burghof befindet sich, nur einen Steinwurf entfernt, beim Reichskanzleitrakt auf der rechten Seite des Durchgangs

„Possierlicher Eindruck“ – Löwen vor dem Schweizer Tor in der Hofburg

zur Schauflergasse die überdimensionale Statue von Herkules, der mit dem Nemeischen Löwen ringt, ein Werk von Lorenzo Mattielli aus den Jahren 1728/29. Auch die drei anderen Figurengruppen am Reichskanzleitrakt zeigen Aufgaben, die der in Ungnade gefallene Herkules zu bewältigen hat. Dasselbe Motiv, allerdings in Bronze (zirka 1760/70), findet sich seit 1948 als Herkulesbrunnen im Burggarten, vorher war dieser im Esterházypark in Mariahilf platziert.

In der Augustinerkirche, die man vom Josephsplatz aus betritt, heiratete 1736 nicht nur Kaiserin Maria Theresia, sondern 1854 auch Kaiser Franz Josef. Hier befindet sich beim Grabdenkmal des fünften Kindes von Maria Theresia, Erzherzogin Marie-Christine von Sachsen-Teschen (1742–1798), ein sehr fein gearbeiteter trauernder Löwe aus Marmor, ein Werk von Antonio Canova (1757–1822).
Ebenfalls noch im Bereich der Innenstadt liegt der Schmerlingplatz mit dem Justizpalast. Er wurde 1881 vollendet und nach dem Brand am 15. Juli 1927 renoviert. Die zwei großen Löwen Emanuel Pendls (1845–1927) aus weißem Kalk haben den Brand in ihrer majestätischen, aufrecht sitzenden Position gut überstanden, sie vermitteln mehr denn je den Eindruck von Respekt gebietenden Wächtern.
Ganz anders zeigen sich die Löwen bei der Secession, hier hält der „Löwenfiaker", eine Bezeichnung des Wiener Autors Beppo Payerl für die berühmte Marc-Anton-Gruppe. Payerl sieht in ihr ein passendes Äquivalent zur Kuppel der Secession, die im Volksmund gerne als „Goldenes Krauthappel" bezeichnet wird. Diese Skulpturengruppe von Arthur Strasser (1854–1927) war auf der Pariser Weltausstellung 1900 ausgestellt; da sowohl Marc-Anton wie auch der eingespannte Löwe samt den drei ihn begleitenden Löwinnen einen müden Eindruck macht, kann die große Bronzegruppe auch als subtile Anspielung auf den maroden Zeitgeist der Jahrhundertwende gesehen werden.
Die Löwentour geht weiter Richtung Stubenring zum Regierungsgebäude, dem einstigen Kriegsministerium, wo das Radetzy-Denkmal platziert ist. Dieses befand sich einst Am Hof, als dort noch das Kriegsministerium zu finden war. Hier gilt es, auf die Eingangstore zu blicken, wo sich zwei liegende Löwen in Asperner Pose als Fassadenschmuck finden. Auch die beiden Brunnen beiderseits des Radetzy-Denkmals sind – wie könnte es anders sein – mit je vier wasserspeienden Löwenköpfen aus Bronze ausgestattet. Selbstverständlich wird

auch der Hintereingang des mehr als 100 Meter langen Gebäudes von einem monumentalen Löwenkopf über dem Tor bewacht.
Wenn eben von der Asperner Pose die Rede war, so gilt es, das Original Dominik Fernkorns zu würdigen. Der steinerne Löwe vor der Kirche am Asperner Heldenplatz ist ein rares Meisterstück der Bildhauerkunst. Von dem weiß getünchten Tier, das an die Schlacht vom 21. und 22. Mai 1809 erinnert, als Erzherzog Karl mit seinen Truppen Napoleons Armee schlug, geht eine wahrhaft majestätische Aura aus. Das Denkmal wurde 1850 in Auftrag gegeben und am 22. Mai 1858, im 49. Jahr nach dem Sieg, enthüllt. „Ein monumentaler Löwe, in kolossalen Dimensionen von der Meisterhand des rühmlichst bekannten Bildhauers Fernkorn in Wien ausgeführt, bezeichnet nun mehr die mit dem Blute so vieler tausend edler Vaterlandssöhne geweihte Walstatt, um den kommenden Geschlechtern Zeugniß zu geben von der unerschütterlichen Tapferkeit und dem erhabenen Heldenmuth", notiert die „Wiener Zeitung" am 30. Mai 1858. Damals war Aspern ein Dorf weit außerhalb der Stadt, von dieser getrennt durch mehrere Flussläufe der noch unregulierten Donau; umso mehr ist der Stellenwert dieses Kunstwerks außerhalb der Stadt zu würdigen. Anfang des 20. Jahrhunderts wäre besagter Löwe beinahe an der Ringstraße aufgestellt worden. „Oberbaurat Baumann, der Erbauer des Kriegsministeriums, hat nun eine Skizze angefertigt, auf der diese Ausgestaltung des Ringstraßenabschlusses dargestellt erscheint. Der ‚Löwe von Aspern' (nach Fernkorn) ruht auf einem in der Mitte des Aspern-Platzes situierten Sockel, zu dem von allen Seiten Treppen aus Stein emporführen. Die rund komponierte Anlage wird von Ziersträuchern umgeben. Im Hintergrund sieht man das neue Kriegsgebäude mit dem Radetzkydenkmal", heißt es im „Neuen Wiener Tagblatt" am 8. Mai 1912. Doch auch diese Idee fällt in die Kategorie der unrealisierten Projekte Wiens.

Zwei Löwen für zehn Tonnen Weintrauben

Selbst die nahe gelegene Aspernbrücke war zunächst, was den Figurenschmuck betrifft, eine Löwenbrücke. Nach Fertigstellung der ersten Aspernbrücke (1863–1864), einer Kettenbrücke, die an die berühmte Budapester Széchenyi-Kettenbrücke erinnert, meißelte 1867 Franz Melnitzky (1822–1876) für hüben und drüben, links und rechts neben allegorischen Figuren auch vier liegenden Löwen aus Stein. Auch die zweite Aspernbrücke (1913–1919), eine Stahlbogenbrücke, wurde noch von den Löwen der ersten Stunde bewacht. Als 1945 alle Brücken über den Donaukanal zerstört waren, mussten die mehr oder weniger unbeschädigten Löwenfiguren vorerst entfernt werden. Für die nunmehr dritte, heute noch existierende Aspernbrücke waren sie nicht mehr vorgesehen. Der damalige Bürgermeister von Langenlois, Landeshauptmannstellvertreter August Kargl (1898–1960), erbat sich zwei Löwen für Schloss Haindorf. Die Stadt Wien aber wollte nur alle vier Löwen gemeinsam abgeben. Glücklicherweise bekundete auch die Stadt Horn Interesse. Zu dieser bestand noch dazu eine historische Verbindung: Am 13. Mai 1809 meldete Erzherzog Karl dem damals im Horner Schloss weilenden Kaiser Franz I., dass seine Truppen zur Schlacht bei Aspern einsatzbereit wären. So stehen heute zwei Löwen vor dem Horner Schloss, die beiden anderen, die Langenloiser Löwen, fanden eine nicht minder vornehme Bleibe vor Schloss Gobelsburg. Dazu liest man in der Wiener Rathauskorrespondenz vom 3. März 1953: „Zwei Löwen für zehn Tonnen Weintrauben. Im Verlauf der Kriegsschädenbehebung haben in den letzten Jahren einige bekannte Wiener Plastiken ihren Standort wechseln müssen. Zu ihnen gehören auch die vier vom Bildhauer Franz Melnitzky stammenden Löwenplastiken von der alten Aspernbrücke. Ein Löwenpärchen bekam im Jahre 1950 Langenlois sozusagen als Gegengeschenk für 10.000 kg Weintrauben, die diese Gemeinde im Jahre 1945 für Wiener Kinder spendete.

Die zwei übrig gebliebenen Löwen von der Aspernbrücke hat nun die Gemeinde Horn erworben."
Doch nicht nur Niederösterreich verfügt nun über Wiener Löwen als Wächter vor Schlössern, auch in Wien ist die Kombination zu bewundern, und das schon seit der Barockzeit. Wer sich Schloss Schönbrunn via Linker Wienzeile nähert, fährt in Höhe der Schönbrunner Schlossbrücke über den Wienfluss direkt an zwei gemütlich liegenden, desinteressiert wirkenden Löwen vorbei – erste Vorposten der imperialen Residenz. Wer um Audienz bat, passierte den weiten Vorplatz mit weißem Sand, der von zwei steinernen Sphingen flankiert wird, und anschließend das Tor mit zwei mächtigen Obelisken, ehe er den Hof vor dem Schloss betrat. Die Figuren, alle aus den 1770er Jahren und aus Zogelsdorfer Kalksandstein gehauen, stammen aus der Werkstatt von Johann Wilhelm Beyer.
Jene Löwen, denen man indes beim Oberen Belvedere des Prinzen von Savoyen (1663–1736) begegnet, machen einen ganz anderen Eindruck. Die zwei steinernen Könige der Tiere sitzen auf den Pfeilern beiderseits des imposanten Tores aus Schmiedeeisen. In Relation sind sie nicht groß, aber ihre stolze, aufrechte Haltung mit dem Wappenkartuschen des Prinzen von Savoyen (1663–1736) macht sie zu glaubwürdigen Ikonen des Edlen Ritters. Die Figuren (1721–1723) gehören als barocke Kunst am Bau zu den ältesten Löwen Wiens und untermauern eindrucksvoll die Machtansprüche ihres Auftraggebers.
Nicht vergessen seien die zahlreichen Apotheken und „Löwenhäuser" der Stadt, in deren Hausbezeichnungen und an deren Fassaden des Öfteren die Könige der Tiere zu finden waren. Warum in der Groß-Enzersdorfer Straße Nummer 4 die Apotheke „Zum Löwen von Aspern" heißt, muss nicht näher erläutert werden. Hingewiesen sei auch auf die „Alte Löwenapotheke" in der Josefstädter Straße 25. Heutzutage ist in der Wiedner Hauptstraße Haus Nummer 32 durch die Blutspendezentrale des Roten Kreuzes bekannt. Von 1752 bis zu seinem Tod am 15.

November 1787 wohnte in diesem zweistöckigen Bürgerhaus, genannt zum „Zum silbernen Löwen", der Komponist Christoph Willibald Gluck. Ein paar Schritte weiter gelangt man auf Höhe Nummer 36 „Zu den zwei goldenen Löwen" (erbaut 1838), die sich zwar nicht golden, aber als imposante Tiere über dem Eingangstor zeigen. Musikliebhaber kennen dieses Haus als Wiener Wohnsitz des finnischen Komponisten Jean Sibelius in den Jahren 1890/91. Auch in Wien Neubau sind „Löwenhäuser" evident: „Zum weißen Löwen" (Gutenberggasse 13, auch „Witwe Bolte"), „Zum goldenen Löwen" (Kirchberggasse 17) und „Zum blauen Löwen" (Myrthengasse 10) heißen die Häuser hier. Aufmerksame Wiener werden sicher noch weitere „Löwenhäuser" finden.
Doch Löwen sind keineswegs, wie man vermuten könnte, Tiere, die nur in der Barockzeit und der Ringstraßenära, zu Zeiten der mächtigen Herrscher, ganz oben auf der Beliebtheitsskala rangierten – Löwen hatten und haben immer Saison. Nach dem Zweiten Weltkrieg schuf Herbert Schwarz (1921–1972) im Rahmen der Aktion „Kunst am Bau" ein steinernes, abstrakt ausgeführtes Vorstadtlöwenpaar Ecke Grinzinger Straße 54/Neugebauerweg 9. Löwen des 21. Jahrhunderts posieren vor der Disco „Praterdome" auf dem Riesenradplatz in Manier der einstigen Asperner Brückenlöwen oder als imposante Türsteher aus weißem Travertin neben „Madame Tussauds" Wiener Dependance im Wurstelprater – Viennas Best Place for Löwenselfies in Augenhöhe.
Löwen sind zweifelsfrei ein Symbol majestätischer Stärke und Potenz und wurden dahingehend auch sehr detailgetreu ausgeführt. Ein zweiter Blick zeigt jedoch, dass es des Öfteren mit der Manneskraft nicht ganz so weit her war: Ob aus moralischen Gründen oder aus Bequemlichkeit des ausführenden Bildhauers bei einigen der Löwen „Entscheidendes" fehlt, ist nicht festzustellen. Wo die Eunuchen zu finden sind, verraten wir aber nicht …

WIEN? AN DIE DONAU!

Von Katastrophen und Regulierungen zur neuen Topographie

Alte Donau, Neue Donau, Donaukanal, Donauinsel, Donaustadt, Donaupark, Donauturm, Donauauen – das alles bietet die Donaumetropole Wien. Und weil Wien nicht nur eine von vielen Städten an der Donau ist, sondern auch als Musikstadt reüssiert, gibt es hier auch noch den Donauwalzer. Wer soll sich da noch auskennen? Wien liegt an der Donau, so sagt man. Doch vorwitzige Leute wie Friedrich Torberg mein(t)en: „Wien liegt am Donaukanal und nicht an der Donau." Was ist wahr, und wer hat recht?

In grauer Vorzeit, vor ein paar Millionen Jahren, lag Wien weder an Donau noch am Donaukanal, sondern an einem riesigen Binnensee, dessen Ausmaße dem Wiener Becken und den Weiten der ungarischen Ebene entsprechen. Die Donaumündung befand sich mitten im Weinviertel und entsprach in etwa dem heutigen Verlauf der Zaya, einem Nebenfluss der March. Die Mündung der allerersten Donau befand sich im Bereich von Mistelbach. Später verlagerte sie ihren Lauf nach Süden, floss zunächst über den Sattel von Hagenbrunn und bahnte sich zwischen den Eiszeiten den Weg durch die Wiener Pforte in das heutige Stadtgebiet. Dies und weitere Details können in Günther Blühbergers Buch „Wie die Donau nach Wien kam" (1996) nachgelesen werden. Erst einmal in Wien angekommen, ließ die Donau ihren zahlreichen

Armen freien Lauf, schüttete großflächig Schotter auf und schnitt dann in eben diese Schotter wieder ein. Die Wiener Stadtgeologin Christine Jawecki weiß mehr: „Während der Eiszeit im Zeitraum zwischen 2,6 Millionen und 11.500 Jahren vor heute entstand durch den Wechsel von Kalt- und Warmzeiten eine mehrstufige Terrassenlandschaft. Diese ist aufgrund des vorgegebenen morphologischen Reliefs sowie der nach wie vor aktiven Absenkung des Wiener Beckens besonders am rechtsufrigen Wiener Stadtgebiet sowie an den Abhängen des Bisamberges zu erkennen."

Das Ergebnis sind da und dort steile Terrassenkanten. Strudelhofstiege, Fischerstiege und Laurenzerberg bilden die namhaftesten Terrassenkanten hoch über den weiten Terrassenfluren, die es auf allen Ebenen gibt. Und so haben Praterterrasse, Stadtterrasse, Arsenalterrasse, Wienerbergterrasse und Laaerbergterrasse einen gemeinsamen Nenner: die Donau. Die Spuren der Donau finden sich also vom Wienerberg bis zum Westbahnhof und innerhalb des Gürtels wie jenseits der Donau überall. Legt man einen Maßstab zwischen unterster und oberster Terrasse an, so kommt man auf einen Unterschied von 100 Höhenmetern im Wiener Weichbild, für den die Donau verantwortlich zeichnet.

Wien, die Donau(schotter)stadt

Kaum gräbt man ein wenig in die Tiefe, stößt man auf runde Schotter, reich an Kieselsteinen. Ist der Schotter plattig, dann heißt er recht einfallslos „Plattelschotter" und kam mit der Wien aus dem Westen. Hier dominiert nicht Quarz, sondern Sandstein. So gesehen steht der überwiegende Teil Wiens auf der Donau. Auch wenn zwischen den Donauschottern und den Trottoirs vielerorts noch einige Meter Löss und Lehm sind, so ist Wien doch eine Donau(schotter)stadt.

Wien ist aber auch eine Donauwasserstadt mit allen Facetten. Es ist daher wenig verwunderlich, dass es hier eine Schifffahrt, die in den

Händen der – wie könnte sie anders heißen? – Donaudampfschifffahrtsgesellschaft lag beziehungsweise liegt, gibt. Dass die Alte wie auch die Neue Donau ausgewiesene Badeparadiese sind, ist allgemein bekannt. Dass sich dann und wann im hochgepriesenen Wiener Trinkwasser auch Donauwasser befindet, hört beziehungsweise liest man kaum und auch nicht so gerne. Realiter handelt es sich um Wasser, das sich in den Porenhohlräumen der Donauschotter befindet. Das sogenannte Uferfiltrat stammt aus dem Grundwasserbegleitstrom der Donau und ist quasi Donauwasser aus zweiter Hand: Es wird in Zeiten erhöhten Wasserbedarfs, zum Beispiel in Hitzeperioden oder bei Reparaturarbeiten an den Hochquellenleitungen, dem Trinkwasser beigesetzt. Immerhin befindet sich das Grundwasserwerk in der Lobau und ist durch die Schutzbestimmungen im Nationalpark Donauauen gewissermaßen qualitätszertifiziert.
Fallweise wird aber auch das Donauwasser zu viel. Die Überschwemmungen und Gefahren von einst sind heute dank zweier Donauregulierungen Schnee von gestern. Wobei das salopp formulierte „Schnee" gar nicht falsch ist: Die gigantischen Gebilde einstiger Eisstöße sorgten in früheren Zeiten immer wieder für verheerende Überschwemmungen. Aufgrund des Klimawandels ist ein zugefrorener Donaustrom mit dicker Eisdecke ein äußerst seltener Anblick geworden. Wie hoch die Fluten der unregulierten Donau bei derartigen Katastrophen wie etwa jener vom 28. Februar oder dem 1. März 1830 steigen konnten, zeigen zwei Hochwassermarken. Eine befindet sich im zweiten Wiener Gemeindebezirk innen am großen Eingangstor zum Augarten in der Oberen Augartenstraße auf rund 1,80 m Höhe, die andere im 9. Bezirk unter der Kanzel der Lichtentaler Kirche in der Marktgasse. Bezeichnenderweise ist das Gotteshaus den 14 Nothelfern geweiht. Wahrscheinlich haben am 1. März 1830 mehrere Heilige zusammengeholfen, dass das Wasser nicht höher als Hüfthöhe stieg. Der heilige Christo-

phorus ist schließlich nicht nur als Patron der Autofahrer bekannt, sondern auch ein Helfer bei Gefahren aller Art. Alleine die Ikonographie des heiligen Christoph, der das Jesuskind auf den Schultern trägt, weist ihn als ideal für Hochwasser aus. Mehr als zehn Jahre nach dem Katastrophenhochwasser werden die Messen in G-, B- und C-Dur von Schubert hier uraufgeführt.

Rufe nach einer Donauregulierung

Naturgemäß war bei den Politikern Wiens im Anschluss an die Katastrophen Feuer am Dach, man rief – freilich nicht zum ersten Mal – nach einer Regulierung der Donau, die damals dem Lauf der heutigen Alten Donau folgte. Eine Donauregulierungskommission wurde ab 1850 tätig, Pläne lagen auf dem Tisch, wurden aber verworfen oder nicht durchgesetzt. Zwei grundlegend verschiedene Optionen standen in mehreren Varianten zur Disposition: Eine Gruppe von Ingenieuren sah einen Durchstich – ein neues, künstlich gegrabenes geradliniges Flussbett – vor. Die zweite Gruppe, damals als „Minorität" bezeichnet, war dagegen. Diese Verhinderer standen unter der Ägide des damals einflussreichen Florian Ritter von Pasetti, seines Zeichen k. k. Hofrat und Mitglied der Donauregulierungskommission. Pasetti meinte, wie der „Österreichischen Ingenieur- und Architekten-Zeitschrift" zu entnehmen ist, dass „die Krümmung des Stromes gegen Floridsdorf die natürlichste und zweckmäßigste Richtung sei und nicht verändert werden dürfe." 1862 kam das nächste Katastrophenhochwasser, 1864 bestellte der Kaiser mit Allerhöchster Entschließung vom 8. Februar abermals eine Kommission, die erst 1866 tätig wurde. Der Zweck der Regulierung läßt sich in einem, wenn auch langen Satz, zusammenfassen: „ Die Donau-Regulirung hat zum Hauptzwecke, den ganzen Strom in ein Normalbett zusammenzufassen, alle Nebenarme abzubauen, durch eine entsprechende Führung des Stromes und zweckmäßig

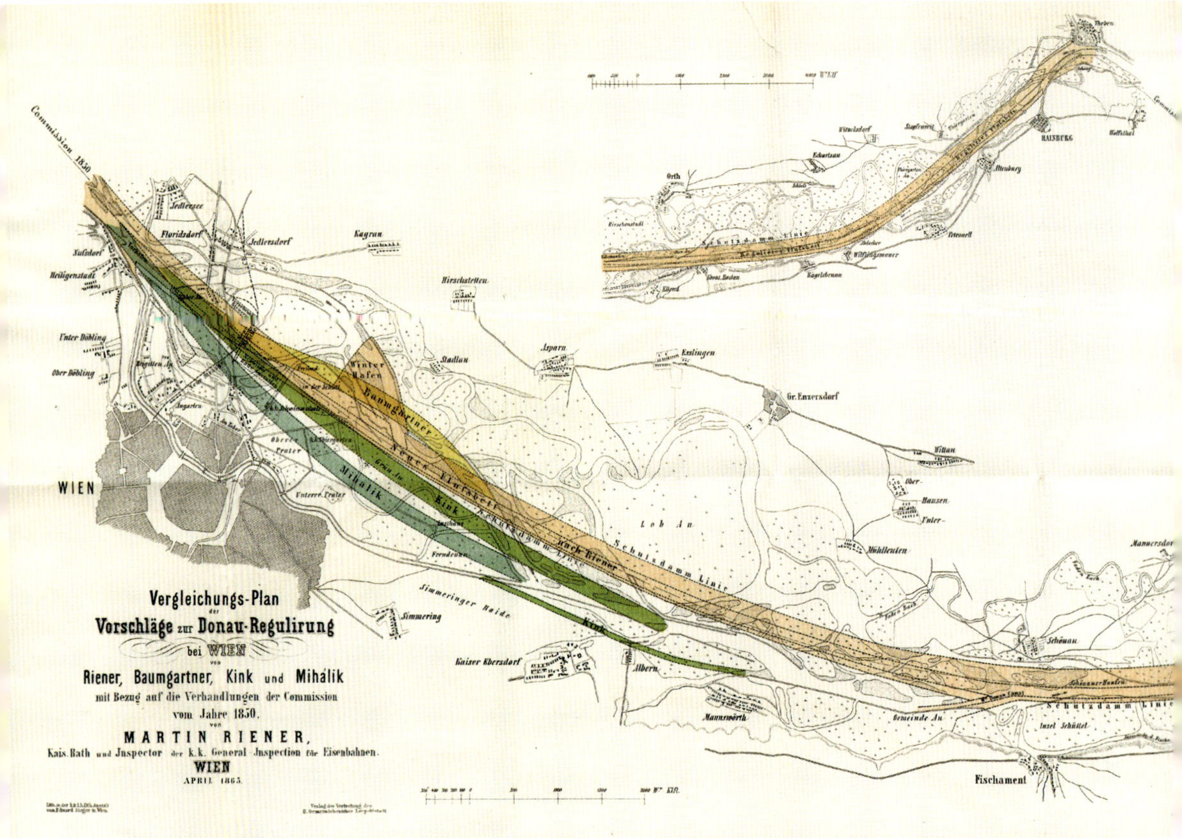

Uferbauten die Stadt Wien und das Nebenland der Donau vor Ueberschwemmungen und schädlichen Seichwässern zu schützen, ferner die bisherigen Schifffahrts-Hindernisse zu beseitigen und die Herstellung einer solchen Wasserstraße anzustreben, wie sie für die gegenwärtig auf dem Strome verkehrenden Dampf- und Ruderschiffe größten Tiefganges im befrachteten Zustande erforderlich ist." (Neue Freie Presse, 9. August 1867).

Erst nach der Pensionierung Pasettis und seinem Ausscheiden aus der Kommission 1868 einigte man sich auf den Durchstich, zu dessen Ausführung mehrere Varianten geplant waren.
Der ungarische Wasserbautechniker Johann von Mihálik, der steirische Landesbaudirektor Martin Kink, Josef Baumgartner und Martin Riener, Oberinspector der k. k. General-Inspection der österreichischen Eisenbahnen, sahen in ihren Planungsvarianten alle ein neues Flussbett der Donau vor, lediglich in der Entfernung zur Stadt differierten sie. Mihálik hatte mit nur 300 Klaftern (1 Wiener Klafter entsprach 1,9 Metern) den geringsten Abstand zum Praterstern. Seinen Plänen zufolge hätte das Lusthaus in der Freudenau weichen müssen, den Donaukanal wollte er in einen Schleusenkanal umgestalten. Nach Rieners Plänen hingegen wäre das rechte Ufer des neuen Strombettes 800 Klafter vom Praterstern entfernt gewesen. Riener wollte die Mündung des Donaukanales nach Fischamend verlegen. Auch Kink (650 Klafter Distanz) sah eine Verlängerung des unteren Kanalabschnitts vor. Baumgartner legte mit 750 Klaftern Entfernung die Variante mit der größten Entfernung der Donau zur Stadt vor. Zum Vergleich: Heute sind es vom Tegetthoff-Denkmal am Praterstern bis zum rechten Donauufer bei der Reichsbrücke 1.475 Meter – 776 Klafter.
Am 26. September 1867 wurden weitere Ingenieure gehört und deren Projekte diskutiert, darunter James Abernethy, Zivilingenieur aus London, Gotthilf Hagen, königlich-preußischer Oberbaudirektor aus Berlin, Herr Georg Sexauer, Oberbaurat aus Karlsruhe, und Albert Tostain, General-Direktor der k. k. Südbahn aus Wien. Beim Projekt von Abernethy fällt ein Verbindungskanal mit einem Becken oder Dock auf, der die Passage von Schiffen zwischen dem Donaukanal und dem neuen Bett der Donau vorsah. Im Wesentlichen sollte dieser dem heutigen Lauf folgen. Den Kanal hätte man sich westlich der heutigen Stadionallee vorstellen müssen.

„Das Comite entschied sich ..."

Am 23. Juli 1868 entschied die Kommission wie folgt: „Das Comite entschied sich unter den von den Experten, dann von den österreichischen Ingenieuren Kink, Mihalik und Riener für die Donauregulirung beantragten Tracen für die Trace der Ersteren, welche am nächsten mit jener Rieners zusammenfällt, weil sie bei vollständiger Erfüllung aller an die Donauregulirung zu stellenden Anforderungen gegen das Project Rieners an dem Flußlaufe unterhalb der Stadlauer Brücke am wenigsten ändert, gegen die andern Projecte aber den Vortheil eines kürzeren Durchstiches und größere Schonung des Praters hat."

Im Detail wurden schließlich zwölf Punkte angeführt, hier einige im originalen Wortlaut:

„2. Mit Ausnahme des Wiener Donaucanals, welcher als ein natürlicher Stromarm der Donau erhalten werden soll, sind alle Nebenarme abzubauen und ist das Wasser der Donau in einem Normalbett zu concentriren. (...)

4. Das Strombett ist aus zwei Theilen zusammengesetzt, das Eine für die gewöhnlichen Wasserstände, das Andere für die Hochwässer, und zwar letzteres mittelst in entsprechender Entfernung von den Ufern des Hauptbettes ausgeführter Dämme. (...)

7. Der Wiener Donaucanal ist als fließender Seitenarm der Donau zu belassen. (...)

8. Der Winterhafen ist zwischen dem Hauptstrome und der Ausmündung des Donaucanales vorläufig mit offener Einfahrt herzustellen."

Die Durchführung des Projekts wurde mit größter Dringlichkeit empfohlen. Tatsächlich erfolgte der Spatenstich zum Bau des 284,5 Meter breiten Strombettes samt dem 474,5 Meter breiten Überschwemmungsgebiet am linken Ufer am 14. Mai 1870 durch Franz Joseph I.. Den Bau führte die französische Baufirma Castor, Hersent & Couvreux durch, die schon beim Bau des Suezkanals Erfahrungen erworben hatte, auch

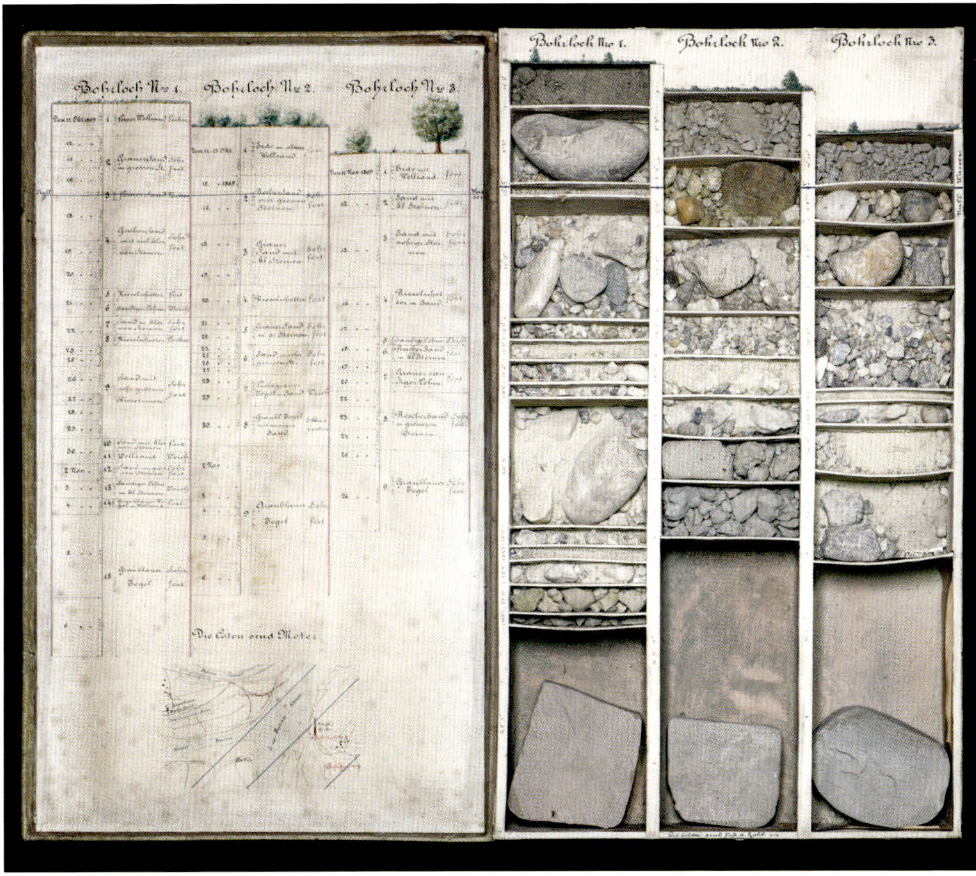

Gesteinsproben dreier, vor der Donauregulierung ausgeführter Bohrungen beim Nussdorfer Spitz

die dort verwendeten Baumaschinen kamen in Wien zum Einsatz. Am 30. Mai 1875 eröffnete der Kaiser das neue Bett der Donau an Bord der „Ariadne“, die von der Reichsbrücke nach Nußdorf fuhr. In der Festschrift, die zum Anlass dieser ersten Regulierung erschien, jubelte man: „Die Ueberschwemmungsgefahr für Wien ist für immerwährende Zeiten beseitigt.“

Werfen wir noch einen Blick in die „Zeitschrift des Österreichischen Ingenieur- und Architekten-Vereines", in der alle oben genannten Varianten zur Regulierung publiziert wurden: 1918 veröffentlichte der damalige Stadtbaudirektor Heinrich Goldemund in Band 70 einen Vorentwurf zur „Ausgestaltung der Donauregulierung bei Wien und die Idee eines neuen Donaustadtteiles am linken Ufer." Goldemund schlug vor, neben dem bestehenden Bett der Donau, lediglich durch einen 20 Meter breiten Damm getrennt, einen Kanal zu bauen. Den verbleibenden Teil des Überschwemmungsgebietes am neuen linken Ufer wollte er mit einer neuen Donaustadt verbauen. Hier sollte auf Höhe der Reichsbrücke auch in Form eines weithin sichtbaren Turms ein neues Wahrzeichen entstehen, um die Bedeutung Wiens in den Bereichen Verkehr, Handel und Industrie zu unterstreichen.
Das Hochwasser vom Juli 1954 mit einem Pegelstand von 8,61m bei der Reichsbrücke und einem Durchfluss von 9.600 m^3/sec, im Zuge dessen es zu einigen kleinere Überflutungen mit diversen Schäden kam, führte dazu, Wiens Hochwasserschutz neu zu überdenken. Dies führte zur zweiten Donauregulierung.
Im Wesentlichen zeigt der Plan von August Zottl aus den 1960er Jahren, der im Überschwemmungsgebiet ein Hochwasserentlastungsgerinne schuf, Parallelen zu Goldemunds Ideen. Das Bauvorhaben wurde am 1. März 1972 begonnen, die Baggerarbeiten konnten im Oktober 1987 beendet werden. Das Resultat ist die Neue Donau – das 21 Kilometer lange Entlastungsgerinne samt Donauinsel – und vor allem ein Hochwasserschutz, der imstande ist, eine Hochwassermenge von 14.000 m^3/sec aufzunehmen. Die Feuertaufe war das Hochwasser von 2002 mit 10.330 m^3/sec, auch das Rekordhochwasser am 6. Juni 2013 mit rund 11.000 m^3/sec konnte ohne Schaden bewältigt werden. Dass die neu geschaffene Donauinsel derart positiv von den Wienern aufgenommen wurde, war damals nicht abzusehen; zunächst dachte man

Überschwemmte Lokale der Copa Cagrana an der Neuen Donau beim Hochwasser am 4. Juni 2013

daran, hier rund 10.000 Autoabstellplätze sowie städtische Sommerbäder und Sportstätten mit 15 Fußballfeldern und einem 18-Loch-Golfplatz zu errichten. Wie so viele Pläne der ersten Stunde wurden auch diese nicht realisiert. Der heutige Nutzungsmix ist jedenfalls ein Volltreffer und findet breitesten Zuspruch.

Wenn in anderen Städten die Bauten von Hochwasserschutzeinrichtungen als notwendig, aber keineswegs als willkommen empfunden werden, so ist das in Wien anders: Für die Wiener wäre die Stadt ohne Donauinsel samt dazugehörigem Fest und Neuer Donau nicht denkbar, sie wurde von den Wienern förmlich erobert, sei es im Sommer zum Baden, zum Radfahren oder Skaten, zum Grillen oder – sollte es wirklich sehr kalt sein und die Neue Donau zufrieren– zum Natureislaufen. Dass es sich dabei eigentlich um einen Hochwasserschutz handelt, haben sie längst vergessen.

SCHÖNBRUNN FREUT SICH

Tierische Geschenke an die kaiserliche Menagerie

Geht man der Frage nach, wie die Tiere in den Tiergarten kommen, stehen mehrere Antworten zur Auswahl: Sie werden hier geboren, dem Zoo geschenkt oder kamen im Zuge eines Tausches nach Wien. Für die meisten der Tiere trifft eine dieser Optionen zu. Ein Garant für Schlagzeilen sind Tiergeburten, sei es die Zwillingsgeburt der Pandas am 7. August 2016 – das wäre im Sternzeichen des Löwen, wollte man menschliche Parameter anlegen – oder vor mehr als 110 Jahren die erste Geburt eines Elefanten in Europa am 14. Juli 1906 (also ein Krebs). Nicht minder interessant sind die Geschichten, die sich um Geschenke und Tauschgeschäfte spinnen.

1867 ließ Fürst von Thurn-Taxis der kaiserlichen Menagerie „zwei Bären von seltener Schönheit" zukommen. Fürst Schwarzenberg wiederum sandte 1869 drei junge Bären aus dem tschechischen Krumau als Geschenk. König Oskar von Schweden spendete 1899 drei Elche. Mit der Fregatte „Donau" kamen zwei mexikanische Silberlöwen als Gabe des Chefarztes Doktor Wawra von der ostindischen Expedition (1868–1870) nach Wien. Ganze 13 Angoraziegen, „Prachtexemplare", wie damalige Zeitungen schrieben, darunter zehn trächtige, spendierte 1899 der Sultan von Konstantinopel. Dazu die Vorgeschichte: Das k. und k. Consulat hatte den Auftrag erhalten, zwei Angoraziegen

Das Schönbrunner Affenhaus, hier nach dem Umbau 1906/07, ist seit seiner Erbauung 1841 ein Publikumsmagnet

zu erstehen; deren Ausfuhr war jedoch verboten. Als der Sultan davon erfuhr, umging er seine eigenen Gesetze und machte den Österreichern kurzerhand 13 Ziegen zum Geschenk. 1901 kamen zwei Giraffen und zwei junge Löwen aus dem Sudan nach Wien. Auch hier bestand ein Ausfuhrverbot, doch der einflussreiche, in Ober Sankt Veit geborene Offizier und Forschungsreisende Slatin Pascha (1857–1932), der vom ägyptischen Vizekönig zum Pascha ernannt und von Königin Victoria 1899 geadelt wurde, hatte erfolgreich interveniert, „daß dieser Thiertransport ermöglicht wurde." Freilich gab es auch weniger spektakuläre Gaben. So schreibt das „Linzer Volksblatt" am 22. August 1908:

„Die Hofjäger des Salzkammergutes haben Sr. Majestät dem Kaiser einen zahmen Gamsbock zum Geschenk gemacht, der nunmehr nach Schönbrunn gebracht wurde und dort in den Tierpark eingestellt werden wird." Angesichts des Datums handelte es sich wohl um ein Geburtstagsgeschenk – der 18. August war des Kaisers Geburtstag – an Seine Majestät. Da es sich um die Hofjäger handelte, muss man annehmen, dass das Tier in den kaiserlichen Jagdrevieren gefangen und der Kaiser wohl mit seinem eigenen Besitz beschenkt wurde.

Nach der Weltausstellung: Ein Biberpaar als fürstliches Geschenk

Heute stellt sich nach vorschnellen und unüberlegten tierischen Geschenken, die vielfach Kindern zu allerlei Anlässen gemacht werden, die Frage: Wohin mit den Tieren? Meist sind es arme Hunderl, herzige Katzerl, quiekende Meerschweinchen, aber auch exotische Tiere, die als „Urlaubsmitbringsel" illegal über die Grenzen geschmuggelt wurden und dann in Tierheimen landen. Früher war der Zoo die erste und einzige Adresse für Tiere, die nicht mehr benötigt wurden – so geschehen nach der Wiener Weltausstellung 1873. Auf dieser wurde alles Erdenkliche, darunter natürlich auch lebendige Tiere, ausgestellt. Nach dem Ende der Schau am 1. November stellte sich für viele Aussteller die Frage, was mit den Tieren geschehen solle. So manche Schnäppchen konnten damals ergattert werden. Einen Einblick geben die „Innsbrucker Nachrichten" vom 10. November 1873: „Fürst Adolph zu Schwarzenberg hat das Biberpaar aus der Ausstellung der Menagerie in Schönbrunn gewidmet. Die Thiere sind seit drei Tagen dahin übersiedelt und vorläufig, bis sie das eigene Haus beziehen werden, in dem alten Biberhofe untergebracht worden. Dort haben sie sich schleunigst in den von dem Biber, der hier viele Jahre lebte, errichteten Bau zurückgezogen und ruhen, den Tag über unsichtbar, von den Fatiguen ihrer sechsmonatlichen Ausstellung behaglich aus. Das Geschenk des Vice-Königs von Egypten, die Dromedare und Büffel, sind schon früher aus dem Prater nach Schönbrunn gewandert." Für Ihre Durchlaucht, die schon 1869 drei junge Bären dem Zoo vermacht hatte, war Schönbrunn die erste Wahl. Natürlich wäre es auch kein allzu großer Aufwand gewesen, die zwei Biber zurück nach Böhmen zu bringen, doch die „Schönbrunner Lösung" war zweifelsfrei die elegantere. Hätte man in Schönbrunn wirklich Biber gewollt, hätten auch problemlos aus heimischen Gewässern zwei Nager besorgt werden können. Aber wenn die kaiserliche Menagerie ein, im wahrsten Sinn des Wortes, fürstliches Geschenk bekommt, kann man nicht nein sagen. Anders war das bei dem oben erwähnten ägyptischen Geschenk, Dromedar und Büffel rannten auch im großen Reich der Habsburger nicht frei herum. So gesehen waren diese Tiere, vor allem in Anbetracht des aufwendigen Rücktransports, eine Win-win-Situation für beide Seiten.

Auch dem kleinen Mann von der Straße sollte es dann und wann vergönnt sein, als „Mäzen" des Zoos aufzutreten. Im März 1886 fing ein Matrose der Donau-Dampfschifffahrts-Gesellschaft – er hieß Claus – in den Praterauen ein Fischotterweibchen, das er mit einem Knüppel betäubte. In unseren Tagen wäre das ein No-Go, denn das Tier (*Lutra lutra*), das das Logo des Naturschutzbundes ziert, wird als gefährdet geführt. Doch damals waren die Dinge noch anders: „Claus nahm das Thier, ein Weibchen, das sich in trächtigem Zustande befand, mit in seine Wohnung, woselbst es im Laufe der Nacht drei lebende Junge warf, die sämtlich wohl und munter waren. Der Matrose, dem für diese Fischotter-Familie mannigfache Anbote gemacht wurden, fuhr mit den Thieren gestern nachmittags in einem Fiaker nach Schönbrunn und bot sie dem Direktor der Menagerie zum Geschenke an. Das Geschenk wurde selbstverständlich mit größtem Danke akzeptirt", notiert das „Neuigkeits-Welt Blatt" am 6. März 1886. Diese Art von Tiergeschichten wurde in der Boulevardpresse schon immer gerne gelesen.

„Drei prächtige bengalische Tiger" aus Ostindien

Der Tiergarten Schönbrunn gehört heute zu den attraktivsten Zoos der Welt. Die Art, wie Tiere nach ihren individuellen Ansprüchen, tiergerecht im eigentlichen Sinn des Wortes, gehalten werden, überzeugt selbst strenge Juroren. Starben in der Frühzeit des Zoos viele Tiere nach wenigen Monaten und Jahren, weil man über eine artgerechte Haltung noch zu wenig Kenntnis hatte, erreichen die Tiere heute teilweise ein hohes Alter. Mehr noch, viele vermehren sich hier auch – ein schönes Zeichen dafür, dass sie sich wohlfühlen, und eine Bestätigung der artgerechten Haltung. Die Rahmenbedingungen, konkret die „Welt-Zoo- und Aquarium-Naturschutzstrategie" unter der Schirmherrschaft der WAZA („World Association of Zoos and Aquariums"), werden heutzutage international akkordiert.

Früher versuchte man, weniger mit Qualität, im Sinne des Wohlbefindens der Tiere, sondern mit Quantität zu punkten. Sechs Tiger etwa sind eine stolze Menge für einen Zoo wie Schönbrunn. Einer der edlen Spender war der ab 1896 designierte Thronfolger Franz Ferdinand (1863–1914). Gerade von ihm würde man es a priori nicht erwarten, gilt er doch mit einer Strecke von 274.889 (!) erlegten Tieren als der Jäger schlechthin weit über die ohnehin sehr jagdaffinen Habsburger hinaus. Doch er wusste, was sich gehörte und was man von ihm als imperialem Gönner erwartete. Gelegenheit bot seine Weltreise in den Jahren 1892 bis 1893, von der er nicht nur tausende ethnologische Objekte, sondern auch drei prächtige Bengal-Tiger und einen Luchs aus Ostindien nach Wien schicken ließ. Schon vorab frohlockten die Medien, so auch das „Vaterland" am 7. April 1893: „Für die indischen Gäste wird schon das Raubthierhaus zwischen den beiden Bärenzwingern eingerichtet. Mit den neuankommenden Thieren wird Schönbrunn nicht weniger als sechs Tiger besitzen." Ende Mai war es dann soweit. Die Tiere waren mit

Thronfolger Franz Ferdinand (1863–1914), ein leidenschaftlicher Jäger, schenkte dem Zoo drei „Bengal-Tiger" und einen Luchs aus Ostindien

dem Lloydschiff „Imperatrix“ nach siebzehntägiger Seereise aus Bombay, dem heutigen Mumbai, in Triest angelangt. Hier nahm sie – das war bei derartigen Sendungen damals üblich – der Chef persönlich, Inspektor Alois Kraus, innovativer Langzeitdirektor (1879–1919) des Zoos, in Empfang. Via Südbahn kamen die „Bestien“ am 19. Mai in vier massiven Käfigen, jeweils mit starken Eisengittern versehen, in Meidling an, wo sie von acht Tierwärtern übernommen wurden. Nun wurden auch schon Details über die wahre Natur der Tiere bekannt: „Während zwei der Tiger, die an einem indischen Fürstenhofe gehalten wurden, so zahm sind, daß man sie dort im Freien an einer Leine herumführte, ist der dritte und jüngste eine Bestie wildester Art. Es wurde bei diesem Thiere auch die besondere Vorsicht gebraucht, demselben ein eisernes Halsband anzulegen und es außerdem mit einer Kette derart an den Käfig anzuschmieden, daß es seine Pranken durch das Eisengitter nicht durchstoßen kann“, schreibt das „Deutsche Volksblatt“ am 20. Mai 1893.

Im Jahr 1828 kam die erste Giraffe, doch erst seit 1928 sind die Bewohner der afrikanischen Savanne ohne Unterbrechung in Schönbrunn

Herrscher umgaben sich stets mit großen Tieren, um ihre Macht zu demonstrieren; Löwen und Tiger sind auch in unseren Tagen nach wie vor ein Machtsymbol. So werden sich manche Besucher des Zoos noch an zwei weiße Tiger erinnern. Es waren die heiß geliebten Hauskatzen von Saif al-Gaddafi, dem ältesten Sohn des libyschen Diktators Muammar al-Gaddafi (1942–2011). Das extravagante Hobby des 1972 geborenen Sprößlings machte sogar Schlagzeilen in der internationalen Presse wie der „Frankfurter Allgemeinen Zeitung“: „So wollte Saif Gaddafi auf die Gesellschaft seiner beiden weißen Tiger Freddo und Barny auf keinen Fall verzichten, als er Ende der neunziger Jahre zum Wirtschaftsstudium nach Wien kam. Erst nach erheblichen diplomatischen Verwicklungen fanden die beiden Raubtiere im Schönbrunner Zoo Asyl“, heißt es in der Online-Ausgabe der „Frankfurter Allgemeinen Zeitung“ am 25. Juli 2008.

Kiwis versus Gämsen: ein Deal mit Neuseeland

So spektakulär Geschenke waren und sind, viele der neuen Tiergesichter kommen als süße Babys in Hietzing zur Welt oder werden getauscht. Heute agieren Tiergärten in internationalen Netzwerken, um den Bestand bedrohter Tierarten zu sichern. Wenn vermehrt tierischer Nachwuchs in Schönbrunn geboren wird, so sind Blutauffrischungen eine Grundlage für gesunde Populationen. Als Ende Juli 2016 der 25-jährige Shaka, ein afrikanischer Elefantenbulle, nach Hietzing kam, erläuterte Zuchtbuchkoordinator Harald Schwammer, zoologischer Leiter im Tiergarten Schönbrunn, die Strategie: „Shaka wurde 1991 im Kruger Nationalpark in Südafrika geboren, kam 1993 in den Zoo Lissabon und 1996 in den Zoo Duisburg. In Duisburg ist es leider nicht gelungen, mit ihm zu züchten. Da wir Weibchen in unterschiedlichen Altersstufen haben, hoffen wir, dass er bei uns für Nachwuchs sorgen wird. Shaka ist als im Freiland geborener Elefant genetisch für die Elefantenpopulation im Zoo sehr wichtig." So gesehen ist der Austausch von Tieren elementarer Bestandteil der Tierhaltung in Zoos, doch keineswegs eine Erfindung unserer Tage. Das wohl größte, weil von seiner Wirkung her nachhaltigste Tauschgeschäft wickelte man noch zu Kaisers Zeiten ab.

Damals kooperierten zwei Länder, namentlich Neuseeland, das 1840 vom Vereinigten Königreich annektiert worden war, und Österreich-Ungarn. Auf der Südhalbkugel gab es seit vielen Jahren das Bestreben, Gämsen anzusiedeln, und man hoffte, diese von einem der Alpenländer zu erhalten. 1907 war es dann soweit. Erst vor kurzem wurde jedoch die lange Vorgeschichte zu dieser Kooperation bekannt. Grundlage ist ein Brief von 1885, den Sascha Nolden, Bibliothekar an der Alexander Turnbull Bibliothek im neuseeländischen Wellington, in seiner Institution aushob. Adressat war der aus Bonn stammende neuseeländische Geologe Sir Julius von Haast (1822–1887) in Christchurch, Absender der deutsche Geologe und Paläontologe Karl Alfred von Zittel (1839–1904). Er verdiente sich in Wien an der k. k. Geologischen Reichsanstalt seine ersten Sporen und habilitierte sich hier, ehe er zurück nach Deutschland ging. 1880 wurde er zum Professor der Geologie an der Universität München und auch zum Direktor des dortigen Paläontologischen Museums ernannt. Am 30. Juli 1885 schrieb er an Haast: „Ihren werthen Brief vom 3ten März d. J. habe ich vor etwa 3 Wochen erhalten und Erkundigungen bezüglich der Gemsen eingezogen. Es wird keine Schwierigkeiten haben, einige junge Thiere aus unseren Alpen zu erlangen, da der Wildstand gegenwärtig ein sehr starker ist. Am zweckmäßigsten wird es sein, wenn sich die neuseeländische Regierung officiell an das Kgl Bayerische Staats Ministerium der Finanzen od. des Äußern wendet. Die Forstverwaltung wird sich dann der Sache annehmen, wie mir der betr. Ministerium Referent mittheilte."

So einfach die Sache auch klang, der Deal kam offenbar nicht zustande. Es mag wohl auch daran gelegen haben, dass Haast, der exzellente Verbindungen in die Alte Welt pflegte, am 16. August 1887 verstarb. Jedenfalls vergingen mehr als 20 Jahre, ehe Österreich in dieser Sache aktiv wurde. Über den erfolgreichen Austausch ist im „Linzer Volksblatt“ vom 29. März 1907 zu lesen: „Die Ankunft der Gemsen in Neuseeland folgte nach einem Berichte der ‚Times‘ aus Wellington, der Gouvernementstadt von Neuseeland, am 14. März. Wie schon berichtet, spendete unser Kaiser dem König von England der englischen Kolonialregierung Gemsen. Hingegen kamen aus Neuseeland Eidechsen, Papageien und andere seltene Tiere für die Menagerie in Schönbrunn. Der Transport bestand aus acht Gemsen. Am 14. Jänner wurden die Gemsen fortgeschickt, brauchten also 60 Tage und nicht, wie man anfangs meinte, 45 Tage nach Neuseeland in Australien.“ Heute sind dank dieses und auch noch eines weiteren Transportes im Jahr 1914 Gämsen in Neuseeland „heimisch“, einmal mehr ein Beleg für eine beabsichtigte Einbürgerung einer Spezies. Meist liest man doch nur von Ratten und anderen Tieren, die von Seefahrern auf Inseln ausgesetzt wurden und dortige Tierpopulationen (zer)störten.
Wenn die Transporte früher mit Schiff und Bahn erfolgten, so werden heute Tiere mit speziellen LKWs befördert, wobei alles besten organisiert und vorbereitet ist, ausnahmsweise auch mal im Flugzeug. Apropos Flugzeug: Der erste Schönbrunner Fluggast war – es mag absurd klingen – ein Paar junger Kaiseradler. Das historische Datum ist der 7. Juni 1925, das Besondere daran: Es handelte sich um das erste Geschenk an den Zoo nach dem Ende der Monarchie, als der Tiergarten Schönbrunn im Besitz der Republik war. Der Gönner war einmal mehr ein Monarch, „sie wurden über Auftrag des Königs Ferdinand von Rumänien von der rumänischen Hofjagdleitung als Geschenk überwiesen“, vermerkt die „Wiener Zeitung“ am 10. Juli 1925.

ZIEGELBEHM IM EVOLUTIONSLABOR

Wie Ton Evolutions- sowie Sozialgeschichte schrieb

Das gründerzeitlich-imperiale Wien wurde ebenso wie das Rote Wien des 20. Jahrhunderts aus Ziegeln gebaut, auch wenn oft prächtige Fassaden die einfachen Ziegelkonstruktionen kaschieren. Herausragende Beispiele sind die Rossauer Kaserne und das Arsenal, bei deren Bau Millionen von Ziegeln benötigt wurden. Beide Gebäude wurden in Reaktion auf die Bürgerunruhen des Jahres 1848 als Trutzburgen gegen „aufrührerische Volksmassen" konzipiert. Dabei sollte sich gerade die exzessive Produktion an Ziegeln als kontraproduktiv erweisen und letztlich das revolutionäre Potenzial der verarmten Bevölkerungsschichten anheizen. Gleichzeitig erwiesen sich die in eben diesem Ziegelton enthaltenen Fossilien als Musterbeispiele der Evolution, worüber sich auch Darwin höchst erfreut äußerte. Das Beispiel eines Brockens Ton zeigt, was drin und dahinter steckt, je nachdem, wer es wie betrachtet. Folgen Sie unseren Betrachtungsweisen!

Schon die Römer nutzten Wiener Ziegel beim Bau der unterschiedlichen Gebäude Vindobonas. Mitunter sind auf den Ziegeln bis heute die Initialen des Zenturios zu lesen, der die Herstellung der Ziegel beaufsichtigte. Aber auch die großen Ziegelbarone des 19. Jahrhunderts markierten ihre Produkte, etwa mit „HD" für Heinrich Drasche am Wienerberg, mit „MK" für Mathias Kreindl in Heiligenstadt oder mit

Evolutionsreihe der Kronenschnecke Melanopsis im Pannon-See des Wiener Beckens

1 cm

„AÖ“ für Adele Ölzelt in Inzersdorf. Das Stempeln der Ziegel ist bis heute in Mode.

Mit dem gewaltigen Stadterneuerungsprogramm der Wiener Ringstraße und dem generellen Bauboom der Gründerzeit florierte die Ziegelproduktion in und rund um Wien. Um mit der Konkurrenz mithalten zu können und den Markt zu bedienen, mussten billige Saisonarbeiter angeworben werden. Da aus Wien und dem Umland zu wenige Arbeitskräfte zu Verfügung standen, wurden Zuwanderer aus Böhmen und Mähren angeheuert. Mit dem Begriff „Ziegelbehm“ war rasch ein abwertender Name für diese Berufsgruppe gefunden. Neben den meist männlichen Ziegelschlägern arbeiteten vorwiegend Frauen als Mörtelmischerinnen. Der Name des heute ausgestorbenen Berufes des Ziegelschlägers rührt daher, dass der Ton in hölzerne Formen (Model) händisch hineingeschlagen wurde, oben abgezogen, das heißt glattgestrichen, und dann wie ein Kuchen herausgestürzt wurde. Korrigiert man beim Kuchen Backen die Konsistenz des Teiges mithilfe von Mehl, so setzte man in diesem Bereich früher Sand ein, um den feuchten Lehmziegel anschließend aus der Form lösen zu können. Jene Arbeiter, die Ziegelmodeln mit Sand bestreuten, waren die sogenannten Sandler. Der nur mäßig wertschätzende Begriff wird heute als Terminus für Obdachlose verwendet; im Gegensatz dazu ist der „Ziegelbehm“ aus dem heutigen Sprachgebrauch des Wienerischen verschwunden.

Die Not der saisonalen Ziegelarbeiter

Die scheinbar aufgeschlossene Politik, Männer und Frauen gleichermaßen zu beschäftigen, entsprach nicht so recht den modernen Vorstellungen von Genderpolitik. Die Arbeitsbedingungen in der Ziegelproduktion waren erbärmlich und äußerst hart. Arbeitszeiten von bis zu 15 Stunden, und das siebenmal die Woche, waren selbstverständlich. Die Arbeitenden wurden in Massenquartiere eingepfercht, in denen mehrere Familien pro Raum untergebracht waren und dafür auch noch Miete zu zahlen hatten. Die Gewinnmaximierung folgte völlig ungeniert den Maximen des Sozialdarwinismus. Der noch in den Kinderschuhen steckenden Sozialdemokratie waren diese unhaltbaren Zustände natürlich ein Dorn im Auge. Wie ein moderner Aufdeckungsjournalist ließ sich daher Victor Adler in die Werke der Wienerberger Ziegelfabrik- und Baugesellschaft einschleusen und berichtete am 1. Dezember 1888 in seiner Zeitung „Gleichheit“ schockiert über die elenden Bedingungen: „Nun denn, diese armen Ziegelarbeiter sind die ärmsten Sklaven, welche die Sonne bescheint. Der Hunger und das Elend, zu dem sie verdammt sind, wird noch entsetzlicher durch die Wohnungen, in welche sie von der Fabrik oder ihren Beamten zwangsweise eingepfercht werden.“

Victor Adler, Arzt, sozialdemokratischer Politiker und Mitbegründer der Ersten Republik

Der ohnehin geringe Lohn wurde teilweise in „Eigenwährung“ ausbezahlt, die nur in den Geschäften am Betriebsgelände akzeptiert wurde und wo den Arbeiterinnen und Arbeitern überteuerte Waren verkauft wurden. Dem Kantinenwirt, der den wichtigsten Lieferanten für Nahrung darstellte, waren die Arbeitskräfte besonders ausgeliefert. Hier zitiert Victor Adler in seinem Artikel: „Im Gefühl seiner Macht sagte ein Wirt einem Arbeiter, der sich beklagte: Und wenn ich in die Schüssel sch…, müsst ihr's auch fressen.“ Selbst der Sozialrevolutionär wollte offensichtlich keine Fäkalausdrücke in seiner Zeitung lesen, und doch war allen Lesern klar, welche Frechheit sich hinter den drei Punkten verbarg.

Von der Herkunft des Ziegeltones …

Den Ziegelschlägern, Mörtelmischerinnen und Sandlern war die geologische Vergangenheit des abgebauten Tons sicherlich herzlich egal. Für die Erdwissenschaftler des 19. Jahrhunderts boten indes die zahlreichen, oft großräumigen Gruben einen völlig neuen Einblick in den geologischen Aufbau Wiens. Zusätzlich förderten die Arbeiter Unmengen an Fossilien zu Tage – gerade der mühselige händische Abbau garantierte reiche Funde, die heute durch den Einsatz von Maschinen rasch verloren gehen. Schon früh erkannten die Wissenschaftler, dass die Tone um den Wienerberg in einem leicht brackischen See abgelagert wurden, der heute als Pannon-See bezeichnet wird. Durch die Funde von identen Fossilien in vielen anderen Regionen der Donaumonarchie zeichnete sich auch bald die Ausdehnung dieses Sees ab, dessen Ablagerungen innerhalb des Karpatenbogens von Ostösterreich über Tschechien, die Slowakei, Ungarn, Rumänien, Kroatien, Bosnien und Herzegowina, Serbien und Slowenien nachweisbar sind. Der Pannon-See bedeckte eine Fläche von mehr als 230.000 km^2 und war damit einer der größten Seen der Erdgeschichte. Doch woher kam dieser riesige See? Vor 11,6 Millionen Jahren sank der globale Meeresspiegel, zugleich kam es in Mitteleuropa zu tektonischen Hebungen. Aus dem Wiener Becken und der gesamten pannonischen Region zog sich das Meer nun endgültig zurück. Die gewaltigen Becken wurden allmählich durch Flüsse wie die Ur-Donau mit Süßwasser befüllt. Dieses mischte sich mit den letzten „Salzlacken“ des verschwunden Meeres und erzeugte eine sehr eigentümliche, brackische Wasserchemie. Diese ökologische Katastrophe führte zum völligen Zusammenbruch aller mariner Ökosysteme, mehr als 95% aller Lebewesen starben aus. Nur einige wenige Spezialisten überstanden den Umbruch. Sie waren nun Pioniere in einem devastierten Lebensraum. Da es kaum Konkurrenz gab, konnten sie riesige Populationen aus Millionen von Tieren bilden. Nahezu alle ökologischen Nischen innerhalb des neu entstandenen Sees waren noch unbesetzt. In geologisch kurzer Zeit begannen sich aus den Pionieren neue Arten zu entwickeln, die ausschließlich im Pannon-See lebten – sie waren endemische Arten.

… zur Evolution der Schnecken

In den viele hundert Meter mächtigen Schichten aus Sand und Ton, die über Millionen von Jahren im Pannon-See angelagert wurden, lässt sich die morphologische Veränderung dieser endemischen Arten Meter für Meter beobachten. Mehr als 6 Millionen Jahre war der Pannon-See somit ein einzigartiges Evolutionslabor.

Eines der am besten geeigneten Beobachtungsobjekte in diesem Labor ist die Kronenschnecke *Melanopsis*. Eine kleine, unscheinbare *Melanopsis*-Art lebte bereits seit Millionen Jahren in den Flussmündungen und Küstensümpfen entlang des Wiener Meeres. Als sich das Meer zurückzog, besiedelte die sehr anpassungsfähige, robuste Schnecke erst die Seeufer und begann danach, verschiedene Biotope für sich zu erobern. Aus der Pionierart entwickelten sich in wenigen hunderttausend Jahren mehr als zehn verschiedene neue Arten. Bei einer Entwicklungslinie nahm die Größe von durchschnittlich zwei Zentimeter auf stolze zehn Zentimeter zu. Plötzlich bildeten die Schnecken dicke Rippen und Kiele. Dadurch wurden die Schalen viel stabiler und waren schwerer zu knacken. Denn allmählich stabilisierten sich die Ökosysteme des Pannon-Sees, und auch die Feinde der Schnecken „rüsteten auf". Eine andere Art wurde sogar kleiner als die ursprüngliche Form und bildete eine fast kugelförmige Gestalt aus. Diese Art ist eine von jenen, die man am häufigsten in den Tongruben des Wienerberges anfindet. Noch heute kann man an den Ufern der inzwischen zu Badeseen umfunktionierten Tongruben die fossilen Schalen dieser Schecke finden. Auch den Ziegelarbeitern war dieses Fossil sicher geläufig, und zahlreiche Schalen gelangten in die Sammlung des Naturhistorischen Museums, wo sie im Jahr 1870 der Wiener Geologe Theodor Fuchs als noch unbekannte Art erkannte und schrieb: „… liegen mir z. B. gegenwärtig aus Brunn viele Hundert, aus Rothneusiedel sogar weit über tausend Exemplare der kurzen kugeligen *Melanop-*

sis vor, von denen ein Stück durchaus dem anderen gleicht. In Erwägung aller dieser Umstände scheint es mir nothwendig, die kurze, kugelige *Melanopsis* von Brunn, Inzersdorf und Wien als eine selbstständige Art aufzufassen, und schlage für dieselbe in Beziehung auf ihr häufiges Vorkommen in Wien und Umgebung den Namen *Melanopsis Vindobonensis* vor." Ganz ähnliche Entwicklungen beobachtete der österreichischer Paläontologe Melchior Neumayr an Schnecken in den Tongruben Kroatiens. Er folgerte, dass die Entwicklung der Schneckenarten durch Veränderungen der Umweltbedingungen erklärbar wäre, und skizzierte damit letztlich einen Mechanismus der Evolution.

Darwin jubelt, die Arbeiter streiken

Das Prinzip der Evolution und die Vorstellung, dass sich Arten über einen längeren geologischen Zeitraum verändern könnten, war zu dieser Zeit noch relativ neu und von ungeheurer Sprengkraft. Erst wenige Jahre zuvor hatte Charles Darwin in seinem 1859 veröffentlichten Topseller „On the Origin of Species" die Prinzipien der Evolutionstheorie diskutiert. Noch war der Gedanke der Veränderlichkeit von Arten nicht wissenschaftlicher Mainstream. Umso erfreuter war Darwin, als er die Arbeiten österreichischer Paläontologen las, die die teils graduelle, teils rasche Veränderung der Schalenformen von Schnecken in den miozänen Balkanseen beschrieben. In seinem Brief an den Geologen Melchior Neumayr vom 9. März 1877 heißt es: „I hope that you will allow me to express my gratitude for the pleasure and instruction which I have derived from reading it. It seems to me to be an admirable work; and is by far the best case which I have ever met with, showing the direct influence of the conditions of life on the organization. There can now be no doubt that species may become greatly modified through the direct action of the environment."

Für tausende Arbeiter war es freilich wichtiger, dass sich ihr eigenes

Leben zum Positiven veränderte und nicht die Größe der Schneckengehäuse. Und tatsächlich blieb die mehrjährige Presse-Kampagne Victor Adlers nicht folgenlos. Mitte April 1895, also nahezu zeitgleich mit dem verheerenden Erdbeben in Laibach vom 14. April, dessen Ausläufer man auch in Wien registrierte, begannen die Streiks der Ziegelarbeiter. Die Headline im „Neuen Wiener Journal" vom 17. April lautete: „Die Ziegelarbeiter im Ausstand". Weiter im Text: „Nahezu viertausend Ziegelarbeiter der Wienerberger Ziegel- und Baugesellschaft und des Hernalser Werkes sind gestern Mittags in den Strike (sic!) getreten." Der Streik der vorwiegend saisonal beschäftigten Ziegelarbeiter legte alle wichtigen Werke lahm. Sprachrohr der Arbeiterschaft war die „Arbeiter-Zeitung", die in diesen Tagen immer wieder zensuriert und auch beschlagnahmt wurde. Der anhaltende Widerstand der Werksleitung schaukelte die Situation auf, und das brutale Vorgehen der Polizei führte zu zahlreichen Verletzten und sogar zu einem Todesfall. Erst als Parlamentarier im Haus am Ring mit dringenden Anfragen Druck machten, begann die Regierung, auf die Ziegelwerksleitung Einfluss zu nehmen. Bei Verhandlungen im Wiener Rathaus konnte schließlich ein Kompromiss gefunden werden. Die Löhne wurden erhöht, der Sonntag wurde als freier Tag eingeführt und die tägliche Arbeitszeit auf elf Stunden beschränkt.

Die miozänen Tone des Pannon-Sees mit ihren fossilen Schneckenfaunen waren somit sowohl im sozialen als auch im wissenschaftlichen Sinne revolutionär.

Neusiedler See und Balaton sind trotz gegenteiliger Behauptungen in populärwissenschaftlichen Darstellungen keine Überreste des Pannon-Sees. Diese flachen Seen sind geologisch sehr jung und bildeten sich erst gegen Ende der letzten Eiszeit. Im Badeteich am Wienerberg ist man dem Pannon-See daher näher als am Schilfgürtel des Neusiedler Sees.

OFF RECORDS – WISSENSCHAFTLER PRIVAT

Wo und wie Gelehrte leben

Hier wohnte, hier lebte, hier schrieb, hier wirkte, hier starb, … Dieser Mix an Fakten, garniert mit klingenden Namen und Jahreszahlen, hat das Potenzial zu geführten City-Walks von Albert Einstein über Lise Meitner bis Sigmund Freud.

Apropos Sigmund Freud: Die Adresse Berggasse 19 ist – dank des seit 1971 hier etablierten Sigmund Freud Museums – als Wohn- und Arbeitsstätte des bekanntesten heimischen Psychoanalytikers weit über Österreichs Grenzen hinaus geläufig. Besagtes Haus wurde 1889 erbaut. Im Vorgängerbau war übrigens von 1881 bis 1889 die Arztpraxis von Viktor Adler (1852–1918) angesiedelt, der als Armen- und Nervenarzt hier ordinierte und später als Sozialdemokrat und Mitbegründer der Ersten Republik Geschichte schreiben sollte. Freud (1856–1939) zog im September 1891 mit seiner Familie ins Mezzanin (Top 5), seine Praxis befand sich bis 1908 im Hochparterre und dann ebenfalls im Mezzanin (Top 6). Doch wo wohnte Freud vorher? Die Antwort weiß „Der Lehmann". Dieses 1859 erstmals von Adolph Lehmann (1828–1904) herausgegebene „Allgemeine Adreß-Buch nebst Geschäfts-Handbuch für die kaiserlich-königliche Haupt- und Residenz-Stadt Wien und deren Umgebung", das 1942 zum letzten Mal erschien, entpuppt sich als bislang noch wenig ausgewertete Fundgrube für Spurensucher.

Eine Probe aufs Exempel: Sigmund Freuds frühere Adresse im „Lehmann“ lautete: „Freud, Sigmund, MDr., Univ. Priv. Doc., Maria-Theresienstr. 8 (1–3).“ Die Freuds hatten es also von ihrer ersten Wohnung im sogenannten Sühnhaus nicht weit zu ihrer späteren Bleibe in der Berggasse. Besagtes Sühnhaus wurde 1885 nach Plänen von Friedrich Schmidt, dem Erbauer des Rathauses, an der Stelle des abgebrannten Ringtheaters errichtet. Die dortigen Wohnungen waren wegen der traurigen Vorgeschichte – am 8. Dezember 1881 fanden hier fast 400 Menschen den Tod in den Flammen – trotz relativ niedriger Mieten nur schwer zu verkaufen. Für Start-ups

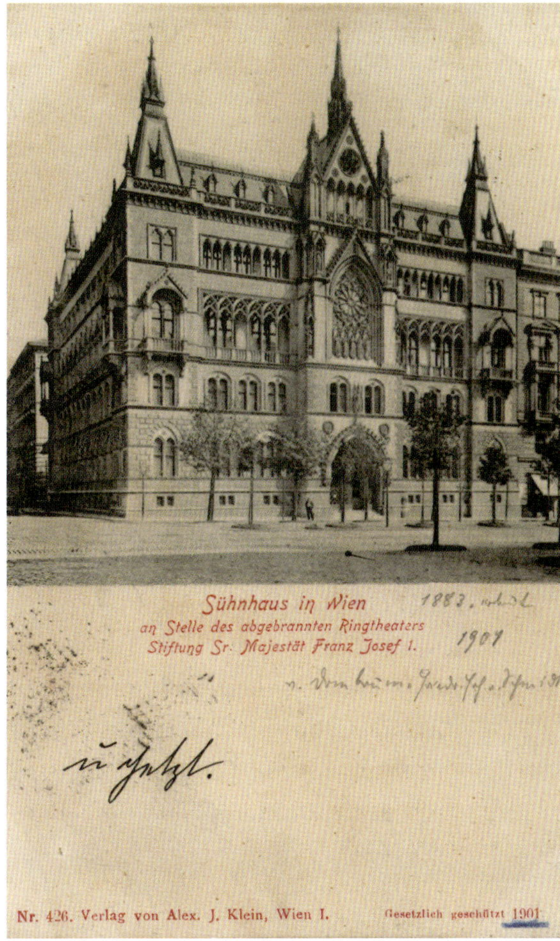

Im Sühnhaus, das an der Stelle des 1881 abgebrannten Ringtheaters errichtete wurde, wohnte Sigmund Freud, ehe er in die Berggasse 19 übersiedelte

und Jungfamilien wie die Freuds war das – Sigmund hatte 1881 promoviert, am 13. September 1886 geheiratet und im Oktober das Haus bezogen – also nahezu ideal.

Ebenfalls im Grätzl, wie man in Wien so schön sagt, lebten und arbeiteten zahlreiche bekannte Physiker. Dem „Lehmann“ ist Genaueres zu entnehmen: „Loschmidt, Josef, Ph. Dr., o. Ö. Univers. Prof., wirkl. Mitglied d. k. Ak. d. W., IX., Türkenstr. 3“. An dieser Adresse befand sich von 1875 bis 1913 das Physikalische Institut der Universität Wien. Das Who is Who der heimischen Physik wirkte hier, von Ludwig Boltzmann, einem Schüler von Loschmidt, über Lise Meitner bis zu Nobelpreisträger Erwin Schrödinger. Im Gegensatz zu Loschmidt, der mit seiner Dienstadresse verzeichnet ist, findet sich bei Schrödinger im „Lehmann“ von 1913 seine tatsächliche Wohnadresse in einem Haus des ersten Bezirks, das 1883 errichtet wurde: „Schrödinger, Erwin, PhDr., Assist. a. Physikalischen Inst., I., Gluckg. 3“.

„Die Collegen meiner Fakultät wollen ihre Ferien ausnützen …“

Ebenfalls 1891, als die Freud übersielten, saß am 3. November, einem Dienstag, der Chirurg Theodor Billroth in seiner Wohnung in der Alserstraße 20 und schrieb einen Brief an Eduard Suess. Billroth leitete die Zweite Chirurgische Universitätsklinik in Wien und war Mitglied der Akademie der Wissenschaften. Suess, in der Afrikanergasse 9 wohnhaft, war Universitätsprofessor, Rektor der Universität Wien in den Jahren 1888/89, seit 1885 Sekretär der mathematisch-naturwissenschaftlichen Klasse der Akademie der Wissenschaften, Abgeordneter im österreichischen Reichsrat und einer der einflussreichsten Köpfe seiner Zeit. Zweifelsfrei, beide Granden der Wissenschaft hatten Großes geleistet. War für Suess der 24. Oktober 1873, als der Kaiser die von ihm initiierte Hochquellenwasserleitung eröffnete, einer der wichtigsten Tage in seiner Vita, war dies für den Chirurgen Billroth der 29. Jänner 1881, als er die erste erfolgreiche Magenresektion durchführte. In unerwarteter Offenheit wendete sich der Arzt an Suess:

Hochgeehrter Herr College!
Ein Zufall will es, dass ich durch allerlei Berufsgeschäfte in den nächsten Tagen so beschäftigt bin, dass ich kaum mit Sicherheit eine Stunde zu einer Zusammenkunft zu bestimmen im Stande wäre. Ich will daher versuchen, Ihnen vorläufig schriftlich meine Gründe vorzulegen, weshalb ich mich nicht für eine Versammlung deutscher Naturforscher und Aerzte in Wien begeistern kann.
Das Interesse der wirklich tüchtigen Aerzte und der Professoren der medicinischen Facultäten an dieser Versammlung ist geradezu Null. Die Collegen meiner Fakultät wollen ihre Ferien ausnützen; niemand würde wegen einer Naturforscherversammlung seine Ferien unterbrechen, während die meisten die Congresse ihres Faches besuchen. Auch ich würde wegen einer Naturforscherversammlung in Wien mein Tusculum am Abersee nicht verlassen.
Die Naturforscher können das naturwissenschaftliche Museum zeigen. Wir haben nichts zu zeigen: ein schon antiquirtes chemisches Institut, in seiner ganzen Anlage verfehlt, eine erträgliche Anatomie, das ist Alles. Wir haben kein modern eingerichtetes physikalisches Institut; unser sogenanntes physiologisches Institut ist ein Skandal, ein Hohn auf die moderne Physiologie. Ein hygienisches Institut im grossem moderen Styl haben wir gar nicht. Unsere klinischen Institute sind eine Schmach für Oesterreich. Ich schäme mich, wenn ein Kollege meine Klinik besucht; jede kleinste deutsche Universität hat besser eingerichtete Institute als wir. Unsere Unterrichtsminister machen immer nur neue Verordnungen, neue Rigorosen-Reglements; unser Krankenhausdirector ist einer der der grössten Trottel, die mir je vorgekommen sind und wurde deshalb auch unter die oesterreichische Aristokratie aufgenommen. Das k. k. allg. Krankenhaus wird verwaltet wie vor 100 Jahren. Alles ist dort miserabel; jeder Sachkundige sieht das auf den ersten Blick. Und nun sollen wir unsern deutschen Collegen unsere ganze Misere hier noch feierlich

und festlich demonstriren! Uns in unserm geflickten, abgetragenem Costüm so recht als ‚verarmter Edelmann' zeigen. Es ist genug, dass die Fremden, welche einen Einblick in diese Verhältnisse bei gelegentlichen Durchreisen thun, ihre Achseln über uns zucken. Mir ist das unerträglich! Es kommt hinzu, dass in den mir bekannten Kreisen Wiens wenigstens, eine gewisse Antipathie gegen alle Fremden besteht. Kleine, engste materielle Verhältnisse, keine natürliche, spontane Gastlichkeit. – Endlich die Ungastlichkeit (Knauserei oder Armuth) unseres Gemeinderath's. Wer solche Empfänge, Banquette etc. wie Berlin oder London mitgemacht hat, wie z. B. bei den medicinischen internationalen Congressen, auch bei der letzten Naturforscherversammlung in Berlin, dann die Empfänge bei Hof in diesen Städten – der muss sich sagen; das gibt's bei uns nicht. – Keiner meiner Fakultäts-Collegen wird geneigt sein, Opfer der Zeit oder Geld für die Naturforscherversammlung zu bringen; keiner in das Organisations-Comité eintreten wollen, um so weniger als das Local-Comité jetzt nur zum Dienstmann des ständigen Comités geworden ist. Ich besuche schon seit vielen Jahren weder Congresse noch Naturforscherversammlungen, während ich früher auf keiner fehlte. Wenn man im 7ten Decennium aussteigt, hat man wohl ein Recht, sich von solchen Aeusserlichkeiten – denn einen wissenschaftlichen, ethischen oder socialen Werth haben diese Versammlungen nicht mehr – zurückzieht.
Vielleicht sehe ich zu schwarz, doch ich sehe nun einmal so!

Ihr Th. Billroth

Die hier angesprochene Gesellschaft deutscher Naturforscher und Ärzte wurde 1822 gegründet und hielt noch im selben Jahr ihre erste Versammlung ab. 2016 fand im deutschen Greifswald die 129. Versammlung unter dem Motto „Naturwissenschaften und Medizin – zwischen Kontinuität und Umbruch" statt. Auch Wien war immer wieder Tagungsort, so in den Jahren 1832, 1856, 1894 und auch darauffolgenden Jahren. Billroths Bestreben war offensichtlich, den Kongress von 1894 zu verhindern. Doch es gelang ihm nicht, denn die 66. Versammlung der Gelehrten fand vom 24. bis 28. September 1894 tatsächlich in Wien statt. Billroth sollte sie allerdings nicht mehr erleben. Er verstarb im 65. Lebensjahr am 6. Februar 1894 in Abbazia. Suess war Vorsitzender der Wiener Versammlung und bedauerte in seiner Eröffnungsrede den Tod des Anatomen Josef Hyrtl, der am 17. Juli des Jahres verstorben war. Ebenso warme Worte fand er für den 1821 in Potsdam geborenen Physiker Hermann von Helmholtz, der kurz vor dem Kongress am 8. September verstorben war. Billroth, ebenfalls in Deutschland, in Bergen auf Rügen, geboren, erwähnte er indes nicht, was nach der Lektüre des Briefes durchaus nachvollziehbar erscheint.

„... um ungestört meine wiss. Arbeiten fortzuführen"

Suess war Zeit seines Lebens ein wahrer Workaholic. Dies belegen Ausführungen seines Biografen, des russischen Geologen und Geographen Wladimir Afanasiewitsch Obrutschew: „Der unglaubliche Arbeitseifer Suess' verband sich mit der Fähigkeit, striktestens die Zeit zu nutzen. Er stand um 6:30h auf und machte sich eine Stunde später, ausnahmslos zu Fuß, auf zur Universität, wo er von acht bis neun Uhr seine Vorlesungen hielt. Sogar in der Periode angestrengter politischer Tätigkeit nahm er keinen Forschungsurlaub in Anspruch und verlegte keine Vorlesungen. Die Vormittagsstunden wendete er für die Arbeit in der Akademie, im Parlament oder im Landtag auf. Nach einem kurzen Nachmittagsschläfchen begab sich Suess gewöhnlich für einen einstündigen Spaziergang in die Praterauen, die unweit seiner Wohnung lagen, und danach widmete er den ganzen Abend, nicht selten bis zwei Uhr in der Nacht, seiner wissenschaftlichen Arbeit oder der Vorbereitung von Reden und Vorlesungen, wenn er nicht gerade mit Sitzungen von wissenschaftlichen Gesellschaften, im Parlament oder Landtag beschäftigt war."

Das Arbeitszimmer mit der Privatbibliothek von Eduard Suess in der Afrikanergasse 9

Zehn Jahre nach der Naturforscherversammlung trat auch der damals 73-jährige Suess leiser. Eine Einladung von Josef Freiherr von Doblhoff-Dier (1844–1929) sagt er diesem am 29. Jänner 1904 ab: „Ich habe mich, außer der Akademie, von allen Corporationen, ja selbst fast ganz von dem persönl. Umgange mit Bekannten zurückgezogen, um ungestört meine wiss. Arbeiten fortzuführen. Ich gehe fast nie abend aus u. bin in weiten Kreisen dadurch zu solchem Maaße ein Fremder geworden, daß ich nicht vor langer Zeit, als ich im wiss. Club zu thun hatte, dort etwa fünfzehn Herren, offenbar Mitglieder, antraf, von denen ich keinen einzigen kannte u. auch kein einziger mich gekannt hat."

Wenn es um die Lebensumstände damaliger Topforscher geht, lohnt ein Blick auf die Vita von Ferdinand von Hochstetter, der ebenso wie Billroth Jahrgang 1829 war und in Esslingen am Neckar geboren wurde. Zunächst studierte der Sohn des Esslinger Stadtpfarrers Theologie, um sich dann der Geologie zuzuwenden, in deren Bereich er ab 1853 in Wien eine große Karriere machen sollte. 1857 nahm er an der Weltumseglung der Fregatte „Novara" teil, machte in Neuseeland von 22. Dezember 1858 bis 1. Oktober 1859 Station, begründete dort quasi die Geologie Neuseelands und kehrte Ende 1859 nach Wien zurück. 1860 wurde er Professor für Geologie an der heutigen Technischen Universität Wien, ab 1872 wirkte er als einer der Lehrer von Kronprinz Rudolf. 1874 und 1875 war er Rektor der TU und wurde 1876 zum Direktor für das zu erbauende Naturhistorische Hofmuseum ernannt. In dieser Funktion hatte er großen Gestaltungsspielraum und war für die Konzeption des Museums, von der Ein- und Aufteilung der Räume bis hin zum Schmuck der Fassade, mit verantwortlich. Dass damals Direktoren und Intendanten Dienstwohnungen hatten, war nahezu selbstverständlich. Der Vollständigkeit halber: Auch Portiere und Diener hatten ihre Dienstwohnungen. Hochstetter plante eine Bleibe für sich und seine Familie, die aus seiner Frau Georgiana, einer gebürtigen Französin aus Bordeaux, und sieben Kindern bestand, im Parterre des Museums. Der große Salon, in dem sich auch heute das Büro des Generaldirektors befindet, war Ecke Maria-Theresien-Platz/Ringstraße situiert. Daneben folgten zunächst der Kleine Salon mit Flügel und dann das „Bureau und Sitzungszimmer" mit großem Besprechungstisch und zwölf Sesseln. Richtung Maria-Theresien-Platz finden sich in einem Plan, der mit Juli 1877 von Hochstetter datiert wurde, sieben schmale Zimmer für die Kinder mit je einem Fenster. Der weitsichtige Vater hatte für seine Familie von Anfang an vorgesorgt, doch leider sollte es nicht soweit kommen. Hochstetter starb am 18. Juli 1884 in seinem Döblinger Haus und bekam – statt einer Dienstwohnung am Wiener Ring – ein Ehrengrab am Wiener Zentralfriedhof (Gruppe 14 A, Nummer 41).

BESTIARIUM VINDOBONESE – EIN ZOO DER „ECHTEN“ WIENER

Lebewesen, die Wien im Namen tragen

Wien ist reich an berühmten Persönlichkeiten, seien es Ur-Wiener oder „Zugereiste“, deren Namen für immer mit Wien verbunden sind. Die lange Liste reicht von Künstlern wie Gustav Klimt und Franz Schubert zu Persönlichkeiten aus der Wissenschaft wie Ludwig Boltzmann oder Sigmund Freud, von Alma Mahler-Werfel bis Lise Meitner. Durch ihren wissenschaftlichen Namen für immer mit Wien verbandelt sind aber auch zahlreiche Lebewesen, und zwar im wortwörtlichen Sinne.

Um Lebewesen einen eindeutigen wissenschaftlichen Namen zuzuordnen, werden Organismen in der biologischen Nomenklatur durch zwei Namen beschrieben. Der erste, immer groß geschrieben, benennt die Gattung, wie *Homo* für „Mensch“. Der zweite Teil, immer klein geschrieben, bezeichnet die Art, also in unserem Fall *sapiens* für „weise“, er gilt als Beiwort oder Epitheton. Erst beide Wörter zusammen bilden den vollständigen Artnamen. Diese beiden Namensteile werden konventionell kursiv geschrieben. Ihnen nachgestellt folgt der Name des Erstbeschreibers, der die Art benannt hat, sowie das Jahr, in dem der Name publiziert wurde. Vollständig lautet unser wissenschaft-

Wissenschaftlich exakter Name: Carabus auronitens vindobonensis *Kubik, 1901*

licher Name daher „*Homo sapiens* Linnaeus, 1758“, da der große schwedische Naturforscher Carl von Linné diesen Namen erstmals 1758 in seinem Werk „Systema Naturae“ vorschlug – auch der Name Linnés wurde latinisiert. Jeder Name darf natürlich nur einmal vergeben werden. Durch den wissenschaftlichen Fortschritt ändert sich mitunter die Zuordnung einer Art zu einer bestimmten Gattung. Um diesen Wechsel zu kennzeichnen, werden die Autoren dann in Klammer gesetzt – soweit die wissenschaftlichen Grundregeln, nach denen die sogenannten Taxonomen, die Namensgeber, arbeiten.
Die Prinzipien und Werkzeuge der Nomenklatur werden in eigenen Regelwerken festgelegt. Die Zoologen müssen sich dem „International Code of Zoological Nomenclature“ unterwerfen, während die Botaniker dem etwas abweichenden „International Code of Botanical Nomenclature“ folgen. Obwohl das Benennen von Arten somit formal streng geregelt ist, sind die Autoren bei der Namenswahl selbst relativ frei. Der Artname sollte lediglich latinisiert sein und muss dem Geschlecht der Gattung angepasst werden. Häufig wurden und werden Arten nach Eigenschaften wie Form oder Farbe benannt. So brachte die sattgrüne Farbe der Smaragdeidechse ihren lateinischen Namen *Lacerta viridis* ein. Oft werden Persönlichkeiten aus Kunst und Kultur posthum durch den Namen einer Art geehrt. Bei der Benennung der Wespe *Mozartella beethoveni* sind die Vorbilder offensichtlich. Auch modernere Helden und Stars waren und sind Vorbilder für die Namengebungen. Das Panoptikum reicht von Marilyn Monroe für den fossilen Trilobiten *Norasaphus monroeae*, Arnold Schwarzenegger für den Laufkäfer *Agra schwarzeneggeri* und David Bowie für die Spinne *Heteropoda davidbowie* bis zum Frosch *Dendropsophus ozzyi*, der nach Ozzy Osbourne, dem Sänger der Heavy-Metal-Band Black Sabbath, benannt wurde.
Auch mehr oder weniger gut getarnter Unfug wird von den Taxonomen mitunter getrieben. Das Insekt *Mantispa aphavexelte* wurde von

den österreichischen Entomologen Ulrike und Horst Aspöck 1994 als Anspielung auf den umgangssprachlichen Ausdruck für „eine Verwechselte" eingeführt, da die Art lange mit anderen vermischt wurde. Da die Autoren schelmisch behaupteten, dass sich der Artname auf „Aphavexelte", die – allerdings rein fiktive – griechische Göttin der Konfusion, beziehe, ist dem internationalen und kaum mit dem österreichischen Idiom bewanderten Fachpublikum der Jux entgangen. Und wie die winzigen Grasschnecken *Vallonia eiapopeia* und *Vallonia hoppla* zu ihren etwas infantilen Namen kamen, weiß nur ihr Namensgeber Jochen Gerber. Damit wäre bewiesen, dass Wissenschaftler Humor besitzen und keineswegs nur griesgrämig in einer dunklen Kammer sitzen.

Die Geographie als Teil des Namens

Neben diesen Kuriositäten und Insider-Witzen ist es aber viel häufiger Usus, bei der Namensgebung auf das geographische Umfeld wie Fundort, Region oder Land Bezug zu nehmen. Hier kehren wir wieder zum außergewöhnlichen Wiener Zoo zurück, in dem sich Lebewesen tummeln, deren Artnamen Wien gewidmet wurden. Abgeleitet vom Lateinischen *Vindobona*, dem Namen des römischen Militärlagers und der Zivilstadt auf dem Gebiet der heutigen Bundeshauptstadt, findet sich *vindobonensis* häufig als Artname. Daneben sind auch *viennensis*, *vindobonica* und *vindobonula* Verwendung. Da sich nach den Regeln der biologischen Nomenklatur der Artname an das Geschlecht des Gattungsnamens anpassen muss, gibt es auch noch die Varianten *vindobonense* und *viennense* für Arten, deren Gattung ein Neutrum ist.
Zu den ersten Autoren, die Tiere nach Wien benannten, zählt der deutsche Botaniker und Entomologe Franz de Paula von Schrank, der bereits 1781 den Wiener Sandlaufkäfer *Cylindera arenaria viennensis* entdeckte. Ebenfalls den Käfern hatte sich der deutsche Naturforscher

Stephanoceras vindobonense *(Griesbach, 1868), ein Ammonit der Jurazeit aus Wien Ober St. Veit*

Johann Friedrich Wilhelm Herbst verschrieben. Ihm verdanken seit dem Jahr 1797 unter anderem der Kolonistenkäfer *Colon viennense* und der Bohrkäfer *Psoa viennensis* ihre Namen. Bei den Fossilien war es der Pariser Paläontologe Alcide d'Orbigny, der die damals noch wenig bekannte Welt der einzelligen Lebewesen, namentlich die Gruppe der Foraminiferen erforschte. In seiner Pionier-Arbeit über die

Foraminiferen des Wiener Beckens beschrieb er die ein wenig an eine mikroskopisch kleine Semmel erinnernde *Ammonia viennensis.*

Der Höhepunkt der taxonomischen Beschreibung ist mit Ende des 19. Jahrhunderts und um die Jahrhundertwende auszumachen. Erst mit der Entwicklung neuer technischer Hilfsmittel wie dem Raster-Elektronen-Mikroskop (REM) flammte das Interesse an taxonomischer Arbeit in der zweiten Hälfte des 20. Jahrhunderts wieder auf. Heute tragen weit über 100 Organsimen Wien in ihrem Namen.

Wie der Zoo in Schönbrunn hat ein *Bestiarium vindobonese* mit angeschlossenem botanischem Garten einiges zu bieten. Anders als in Schönbrunn sind hier allerdings auch zahlreiche ausgestorbene Tiere und Pflanzen vertreten. Die meisten dieser Exoten zeugen von der maritimen Vergangenheit Wiens und stammen aus den etwa 15 bis 12 Millionen Jahre alten Ablagerungen des Miozäns. Im seichten Meer lebten Kegelschnecken (*Conus vindobonensis*), Turmschnecken (*Ptychidia vindobonensis*), Herzmuscheln (*Obsoletiforma vindobonensis*), Korallen (*Carophyllia vindobonensis*), Seeigel (*Brissopneustes vindobonensis*), Schlangensterne (*Ophiura vindobonensis*), Moostierchen (*Cupuladria vindobonensis*) und Krabben (*Macrophthalmus vindobonensis*). Im warmen Wasser tummelten sich Tintenfische (*Sepia vindobonensis*), Barrakudas (*Sphyraena viennensis*) und Grundeln (*Gobius viennensis*), während Robben (*Praepusa vindobonensis*) faul am Strand lagen. In den umliegenden Wäldern wuchsen Verwandte von Ahorn (*Acer vindobonensis*), Hainbuche (*Carpinus vindobonensis*), Kiefer (*Pinus vindobonensis*), Gagelstrauch (*Myrica vindobonensis*) und Stinkbaum (*Sterculia vindobonensis*). Im Dickicht der miozänen Wälder versteckten sich Hamster (*Democricetodon vindobonensis*) und das scheue Hirschferkel (*Dorcatherium vindobonense*).

Kleine „Wiener": stolze Bakterien und unscheinbare Insekten

Im Zoo der „Lebenden" – der heute lebenden Organismen – sind einige Wiener Stars winzig klein und werden auch dem aufmerksamsten Naturfreund entgehen. Das Cynaobakterium *Aphanothece viennensis* sowie die einzellige Algen *Cryptomonas vindobonensis* und *Glenodinium vindobonense* sind nur bei extremer Vergrößerung erkennbar und ausschließlich für Spezialisten von anderen Arten unterscheidbar. Im Vergleich dazu sind die schwarzbraun gefärbten, mehrere Zentimeter großen Fruchtkörper des Pilzes *Entoloma vindobonense* leicht zu entdecken – allerdings ist der zu den Rötlingen gehörende Pilz ungenießbar und wird daher von Schwammerl-Suchern verschmäht. Unter den Pflanzen mit Wien-Bezug im Namen sind der Wien-Blaustern (*Scilla vindobonensis*), das Wien-Habichtskraut (*Hieracium vindobonense*), der Wiener Löwenzahn (*Taraxacum vindobonense*) und der blau blühende Wiener Gamander-Ehrenpreis (*Veronica vindobonensis*) besonders auffällig. Zwischen den Wiener Pflänzchen kann man eventuell auch noch die gerippte Bänderschnecke *Cepaea vindobonensis* erspähen.

Den weitaus größten Teil im Wiener Zoo stellen Insekten. Zahlreiche, meist winzige Käfer tragen Wien im Namen. Zu ihnen zählen etwa Rüsselkäfer (*Argoptochus vindobonensis*), Schimmelkäfer (*Atomaria viennensis*), Schwielenkäfer (*Anommatus viennensis*), Seidenkäfer (*Anaspis viennensis*), Rindenkäfer (*Langelandia viennensis*) und Ölkäfer (*Meloe viennensis*). Wespen sind durch Blattwespen (*Allantus viennensis*), Gallwespen (*Andricus vindobonensis*) und Grabwespen (*Mimesa vindobonensis*) vertreten. Auch eine Ameisenart (*Plagiolepis vindobonensis*) kann Wien „namentlich" für sich reklamieren. Unter den Schmetterlingen sind der unscheinbare Steinspanner (*Odontognophos dumetata vindobonica*) sowie der hübsche Apollofalter (*Parnassius apollo vindobonensis*) echte Wiener. Der Apollofalter ist allerdings in Wien schon seit langer Zeit ausgestorben. Die Arachniden, Spinnentiere, sind durch die Webspinne (*Tallusia vindobonensis*) und einige Milben (*Indoribates vindobonensis, Ophidiotrichus vindobonensis, Amphitetranychus viennensis*) vertreten. Auf groß gewachsene Attraktionen müssen die Besucher des Wiener Zoos leider verzichten, weder Vögel noch Säugetiere wurden nach Wien benannt. Dafür ist Wien sogar Namenspatron zweier Gattungen: Ein wenig bekanntes Cyanobakterium wurde von dem Botaniker Georg Claus 1957 auf den Namen *Vindobona* getauft, und erst im Jahre 2001 benannten die beiden Zoologen Andrzej Szeptycki und Christian Erhard ein winziges Insekt *Vindobonella*. Als Artnamen für diesen Beintastler wählten die Autoren *leopoldina* als Hinweis auf den Fundort in einer Bodenprobe vom Leopoldsberg. Doch mitunter ist Vorsicht geboten: Der Hakenkäfer *Dryops viennensis* wurde nach der französischen Stadt Vienne im Département Isère getauft und ist somit kein Wiener.

„Poetzleinsdorfensis" – *Tiere der Wiener Peripherie*

Mitunter gelangten auch einzelne Bezirke Wiens zu taxonomischen Ehren. Im fernen Turin beschrieb der italienische Geologe Federico Sacco in den 1890er Jahren die fossile Kegelschnecke *Conus poetzleinsdorfensis* und die Gitterschnecke *Cancellaria poetzleinsdorfensis*. An Grinzing und Nussdorf dachte der Geologe Felix Karrer, als er 1877 die fossilen Schalen der Einzeller *Lagena grinzingensis* und *Pescadium nussdorfense* beschrieb. Dabei hatte er eher nicht die Heurigen oder die Sehenswürdigkeiten dieser Bezirke im Sinn. Vielmehr sind die zahlreichen Neufunde an Fossilien im Wiener Stadtgebiet im 19. Jahrhundert eine Folge der intensiven Bautätigkeit während der Gründerzeit. In allen Bezirken wurde Sand und Ton abgebaut, und Wien war überzogen von unzähligen kleinen und großen Gruben. Zugleich war diese Phase auch die erste Blüte der erdwissenschaftlichen Forschung. Geologen und Paläontologen des k. k. Hof-Mineraliencabinets (des heutigen Naturhistorischen Museums) und der k. k. Geologischen Reichsanstalt (der heutigen Geologischen Bundesanstalt) begannen, die Fossilien aus der gesamten Monarchie systematisch zu erforschen und wissenschaftlich zu beschreiben. Als Pioniere und Avantgarde der Forschung waren sie daher häufig die Ersten, die den Organismen wissenschaftliche Namen zuordneten. Dies erklärt auch die relativ hohe Zahl an Fossilien, die Wien im Namen führen.

Nicht alle Wiener Arten werden heute von den Botanikern, Zoologen und Paläontologen noch als eigenständige Arten akzeptiert. Manche waren bereits früher unter einem anderen Namen beschrieben worden. Hier gilt das Gesetz der Priorität: Wenn eine Art unter zwei Namen beschrieben wurde, dann gilt die frühere Beschreibung, und die jüngere wird als Synonym bezeichnet. So zeigte sich, dass der 1869 beschriebene fossile Sanddollar-Seeigel *Scutella vindobonensis* bereits 1829 in Frankreich beschrieben wurde. Heute wird er als *Parascutella gibbercula* bezeichnet. Auch der 1958 beschriebene Schmetterling *Zygaena vindobonica* erwies sich nach Revision als Synonym des bereits 1775 etablierten Beilfleck-Blutströpfchens *Zygaena loti*.

Während noch immer jedes Jahr weltweit hunderte neue fossile oder lebende Arten entdeckt und beschrieben werden, ist der Zuwachs im Wiener Zoo naturgemäß gering. Neue Fossilien sind im dicht verbauten Stadtgebiet selten geworden, und die lebende Fauna und Flora Wiens ist gut erforscht. Neue Arten verstecken sich heute nur mehr im Mikrokosmos. So entdeckte die Mikrobiologin Ksenija Lopandic mit ihrem Team der Universität für Bodenkultur im Jahr 2013 den Hefepilz *Debaryomyces vindobonensis* im Abwasser einer städtischen Kläranlage. Etwas delikater war der Ursprung der zu den einzelligen Archaeen (sie wurden früher als Archaebakterien bezeichnet) zählenden *Nitrososphaera viennensis*, die die Mikrobiologin Michaela

Stieglmeier mit Mitarbeitern 2014 aus Gartenhumus isolieren konnte. Einer der bedeutendsten Wiener ist – die Westösterreicher haben das wahrscheinlich schon immer vermutet – ein echter Affe. *Epipliopithecus vindobonensis* war modernen Gibbons ähnlich und lebte vor etwa 15 Millionen Jahren in den Wäldern, die das Wiener Meer säumten. Die Tiere hielten sich überwiegend am Boden auf, konnten sich aber mit ihren verlängerten Armen auch von Baum zu Baum schwingen. Überreste mehrerer Individuen wurden nach ihrem Tod in Karstspalten gespült, wo sie Millionen Jahre vor Zerstörung geschützt waren und schließlich in den 1950er Jahren entdeckt wurden. Dabei wurden Schädelknochen, Teile von Ober- und Unterkiefer, einzelne Zähne und verschiedene Extremitäten- und Wirbelknochen geborgen. *Epipliopithecus vindobonensis* ist damit einer der am besten erhaltenen fossilen Affen des europäischen Miozäns. Wie es sich für einen echten Wiener gehört, ist *Epipliopithecus vindobonensis* ein „Zugereister". Gefunden wurden die Fossilien nämlich bei Devínska Nová Ves, einem Stadtteil von Bratislava, nahe der March in der heutigen Slowakei. Der Artname *vindobonensis* bezieht sich daher eher auf das Wiener Becken und nicht auf die Stadt.
Dass fast zwei Drittel der Arten im *Bestiarium vindobonense* bereits ausgestorben sind, stellt vielleicht noch einen zusätzlichen Wien-Bezug her – immerhin sind die Wiener ja für ihren Hang zum Morbiden berühmt.

Zum Abschluss noch eine Liste einiger Bewohner des Wiener Zoos, ohne Anspruch auf Vollständigkeit. Einige dieser Arten werden heute als Synonyme von bereits früher beschriebenen Arten geführt. Das Kreuz markiert die fossilen Arten:

†	*Acer vindobonensis* (Ettingshausen, 1851)	Ahorn
	Allantus viennensis (Schrank, 1781)	Blattwespe
	Alyssum vindobonense Beck, 1892	Steinkraut
†	*Ammonia viennensis* (d'Orbigny, 1846)	Einzeller
	Amphitetranychus viennensis (Zacher, 1920)	Weißdornspinnmilbe
	Anaspis viennensis Schilsky, 1895	Seidenkäfer
†	*Anazola vindobonensis* (Csepreghy-Meznerics, 1954)	Olivenschnecke
	Andricus vindobonensis Müllner, 1901	Gallwespe
	Anommatus viennensis Coiffait, 1984	Schwielenkäfer
	Aphanothece viennensis Schiller, 1954	Cynaobakterium
†	*Apula vindobonensis* Harzhauser & Binder, 2004	Schnirkelschnecke
	Argoptochus vindobonensis Formánek, 1908	Rüsselkäfer
	Atomaria viennensis Reitter, 1875	Schimmelkäfer
†	*Atrina vindobonensis* (Sacco, 1898)	Steckmuschel
†	*Barbus vindobonensis* Böhme, 2002	Barbe
	Bathynella vindobonensis Serban, 1989	Krebs
†	*Beguina crassa vindobonensis* (Sacco, 1899)	Trapezmuschel
†	*Biloculina grinzingensis* Karrer, 1877	Einzeller
†	*Bolivina viennensis* Marks, 1951	Einzeller
†	*Brissopneustes vindobonensis* Kühn, 1930	Seeigel
†	*Calcarata vindobonensis* (Hilber, 1892)	Gitterschnecke
	Carabus auronitens vindobonensis Kubik, 1901	Goldglänzender Laufkäfer
†	*Carophyllia vindobonensis* (Reuss, 1871)	Einzelkoralle
†	*Carpinus vindobonensis* Berger, 1953	Hainbuche
†	*Carychium vindobonense* Handmann, 1882	Zwerghornschnecke
	Cepaea vindobonensis (Férussac, 1821)	Gerippte Bänderschnecke
†	*Chlidoniopsis vindobonensis* (Reuss, 1848)	Moostierchen
	Clausilia dubia vindobonensis Schmidt, 1856	Schließmundschnecke
†	*Clausinella vindobonensis* (Mayer, 1858)	Venusmuschel
†	*Clypeaster vindobonensis* Lambert, 1912	Biskuitseeigel
	Colon viennense Herbst, 1797	Kolonistenkäfer
†	*Conus vindobonensis* Hoernes & Auinger, 1879	Kegelschnecke
†	*Cordiopsis gigas vindobonensis* (Kautsky, 1936)	Venusmuschel
†	*Crisia vindobonensis* (Reuss, 1848)	Moostierchen
	Cryptomonas vindobonensis Schiller, 1957	Alge
	Ctesias viennensis (Herbst, 1797)	Speckkäfer
†	*Cupuladria vindobonensis* Bałuk & Radwański, 1984	Moostierchen
†	*Cycloforina nussdorfensis* (d'Orbigny, 1846)	Einzeller
	Cylindera arenaria viennensis (Schrank, 1781)	Sandlaufkäfer
	Debaryomyces vindobonensis Lopandic et al., 2013	Hefepilz
†	*Democricetodon vindobonensis* (Schaub & Zapfe, 1953)	Hamster
	Dinobryon vindobonensis Mack, 1951	Goldbraunalge
†	*Discocyclina nussdorfensis* Less, 1987	Einzeller
†	*Dorcatherium vindobonense* von Meyer, 1846	Hirschferkel

†	*Dryandra vindobonensis* Ettingshausen, 1851	Silberbaumgewächs
	Entoloma vindobonense Noordeloos & Hausknecht, 2004	Rötling-Pilz
	Eosentomon vindobonense Szeptycki & Christian, 2000	Beintastler (Insekt)
†	*Epipliopithecus vindobonensis* Zapfe & Hürzeler, 1957	Altweltaffe
†	*Flabellum vindobonense* Abel, 1897	Fächerkoralle
	Friesea viennei Deharveng, 1981	Springschwanz
†	*Fusinus vindobonensis* (Hoernes & Auinger, 1890)	Spindelschnecke
	Glenodinium vindobonense Schiller, 1955	Panzergeißler (Alge)
†	*Glycymeris fichteli vindobonensis* Schaffer, 1910	Pelzchenmuschel
†	*Gobius viennensis* Steindachner, 1860	Grundel
	Gonionemus vindobonensis Joseph, 1918	Nesseltier
	Hieracium vindobonense Wiesb. ex Dichtl, 1884	Wien-Habichtskraut
	Indoribates vindobonensis (Willmann, 1935)	Milbe
	Laena viennensis (Sturm, 1807)	Schwarzkäfer
†	*Lagena grinzingensis* Karrer, 1877	Einzeller
	Langelandia viennensis (Reitter, 1912)	Rindenkäfer
†	*Lautoconus grinzingensis* (Sacco, 1893)	Kegelschnecke
†	*Liocarcinus vindobonensis* (Bachmayer, 1950)	Schwimmkrabbe
	Lopinga vindobonensis Kammel, 1913	Gelbringfalter
†	*Macrophthalmus vindobonensis* Glaessner, 1925	Krabbe
†	*Marcia vindobonensis* (Dollfus & Dautzenberg, 1906)	Venusmuschel
†	*Melanopsis vindobonensis* Fuchs, 1870	Kronenschnecke
	Meloe viennensis Schrank von Paula, 1776	Ölkäfer
	Metrioptera viennensis (Marschall, 1836)	Beißschrecke
	Mimesa vindobonensis Dollfuss, 2004	Grabwespe
	Mixtacandona laisi vindobonensis (Löffler, 1963)	Muschelkrebs
†	*Monodacna viennensis* Papp, 1953	Herzmuschel
†	*Monoplex vindobonicus* (Cossmann & Peyrot, 1924)	Tritonschnecke
†	*Monteiroconus pervindobonensis* (Sacco, 1893)	Kegelschnecke
†	*Myosotella viennensis* (Fontannes, 1876)	Mäuseöhrchenschnecke
†	*Myrica vindobonensis* (Ettingshausen, 1851) Heer, 1856	Gagelstrauch
†	*Nassarius vindobonensis* (Mayer, 1860)	Reusenschnecke
	Nitrososphaera viennensis Steiglmeier et al., 2014	Archaea (Einzeller)
†	*Obsoletiforma vindobonensis* (Laskarev, 1903)	Herzmuschel
	Odontognophos dumetata vindobonica Vojnits, 1967	Steinspanner
†	*Odostomia vindobonensis* (Hörnes, 1856)	Kleinschnecke
	Olibrus viennensis Guillebeau, 1892	Glattkäfer
	Olophrum viennense Scheerpeltz, 1929	Kurzflüglerkäfer
	Omiamima vindobonensis (Formanek, 1908)	Rüsselkäfer
	Ophidiotrichus vindobonensis Piffl, 1961	Milbe
†	*Ophiura vindobonensis* Küpper, 1954	Schlangenstern
†	*Parascutella vindobonensis* (Laube,1871)	Sanddollar-Seeigel
	Parnassius apollo vindobonensis Bollow, 1929	Apollofalter
†	*Pelamycybium vindobonensis* (Toula, 1905)	Makrele

†	*Perrona vindobonensis* (Hörnes, 1854)	Schlitzturmschnecke
†	*Pescadium nussdorfense* Karrer, 1877	Einzeller
†	*Phasmoconus poetzleinsdorfensis* (Sacco, 1893)	Kegelschnecke
†	*Pinus vindobonensis* Klaus, 1984	Kiefer
	Plagiolepis vindobonensis Lomnicki, 1925	Ameise
	Plectus vindobonensis Gunhold, 1953	Fadenwurm
†	*Polygona vindobonensis* (Csepreghy-Meznerics, 1956)	Tulpenschnecke
	Potentilla vindobonensis Zimmeter, 1884	Frühlings-Fingerkraut
†	*Praepusa vindobonensis* (Toula, 1897)	Robbe
	Proasellus slavus vindobonensis (Karaman, 1955)	Assel
	Promicromonospora vindobonensis Busse et al. 2003	Bakterium
†	*Pseudidyla vindobonensis* Papp & Thenius, 1954	Schließmundschnecke
†	*Pseudochloritis vindobonensis* (Wenz, 1920)	Schnirkelschnecke
	Psoa viennensis Herbst, 1797	Bohrkäfer
	Psylliodes vindobonensis Heikertinger, 1914	Flohkäfer
†	*Ptychidia vindobonensis* (Handmann, 1882)	Turmschnecke
†	*Purpura vindobonensis* (Hörnes, 1856)	Purpurschnecke
†	*Pusia vindobonensis* (Friedberg, 1911)	Mitraschnecke
†	*Quinqueloculina viennensis* Le Calvez & Le Calvez, 1958	Einzeller
†	*Retusa vindobonesis* Berger, 1953	Blasenschnecke
†	*Rissoina vindobonensis* Sacco, 1895	Kleinschnecke
	Rubus vindobonensis Gandoger	Rosengewächs
†	*Schizostomella grinzingensis* David & Pouyet, 1974	Moostierchen
	Scilla vindobonensis Speta, 1973	Wien-Blaustern
†	*Sepia vindobonensis* Schloenbach, 1869	Tintenfisch
†	*Solatia poetzleinsdorfensis* (Sacco, 1894)	Gitterschnecke
†	*Solecurtus vindobonensis* Csepreghy-Meznerics, 1954	Scheidenmuschel
†	*Sphyraena viennensis* Steindachner, 1859	Barrakuda
†	*Stephanoceras vindobonense* (Griesbach,1868)	Ammonit
†	*Sterculia vindobonensis* Ettingshausen, 1851	Stinkbaum
	Tallusia vindobonensis (Kulczyński, 1898)	Webspinne
	Taraxacum vindobonense Soest, 1965	Wiener Löwenzahn
†	*Tasadia vindobonensis* (Bachmayer & Küpper, 1952)	Krabbe
†	*Textularia nussdorfensis* d'Orbigny, 1846	Einzeller
†	*Trionyx pseudovindobonensis* Szalai, 1934	Sumpfschildkröte
†	*Trionyx vindobonensis* Peters, 1855	Sumpfschildkröte
†	Trona *vindobonensis* (Sacco, 1894)	Kaurischnecke
	Veronica vindobonensis Fischer, 1970	Gamander-Ehrenpreis
	Vindobona Claus, 1957	Cynaobakterium
	Vindobonella Szeptycki & Christian, 2001	Beintastler (Insekt)
†	*Vitularia vindobonula* Cossmann & Peyrot, 1924	Stachelschnecke
	Zygaena *vindobonica* Reiss, 1958	Widderchen-Schmetterling

Literatur und Quellen in Auswahl

Abel, O. (1922): Lebensbilder aus der Tierwelt der Vorzeit. – 643 S., Gustav Fischer, Jena.

Adler, V. (1888): Die Sklaven vom Wienerberg. – Gleichheit, 48, 1. Dezember 1888, Wien.

Agassiz, L. (1835): Recherches sur les poissons fossiles. – XIII+122+160 S., Neuchâtel.

Berwerth, F.M. (1901): Das Gesteinsmaterial des Sockels unseres Goethe-Denkmals. – Chronik des Wiener Goethe-Vereins, 14, 44-45, Wien.

Blühberger, G. (1996): Wie die Donau nach Wien kam: Die Erdgeschichtliche Entwicklung der Landschaft des Donautals und der Nebenflüsse vom Ursprung der Donau bis zum Wiener Becken. – 285 S., Böhlau, Wien.

Braunbeck, J. (1996): Der strahlende Doppeladler – Nukleares aus Österreich-Ungarn. – 160 S., Leykam, Graz.

Decker, K., Hintersberger, E. & Weissl, M. (2015): Paläoseismologische Untersuchungen am Lassee-Abschnitt der Wiener Becken-Störung: Implementierung neuer Methoden für die Erdbebeninformation: Endbericht. – 146 S., Archiv Geologische Bundesanstalt, Wien.

Fuchs, Th. & Schaffer, F. (1903): Exkursion in die Ziegeleien der Wienerberger Ziegelfabrik und Baugesellschaft bei Inzersdorf am Wiener Berg (Nachmittagsausflug). – IX. Internationaler Geologen-Kongress: Führer für die Exkursionen in Österreich, 4 S., Wien.

Hammerl, Ch. & Lenhardt, W. (2013): Erdbeben in Niederösterreich von 1000 bis 2009 n. Chr. – Abhandlungen der Geologischen Bundesanstalt, 67, 297 S., Wien.

Hammerl, Ch., Hofmann, Th. & Krenn, M. (2015): Das Erdbeben von Laibach (Slowenien) am 14. April 1895: Chronologie des Krisenmanagements. – Jahrbuch der Geologischen Bundesanstalt, 155, 281–296, Wien.

Lukacsy, M. & Fendt, Ch. (2016) [Red.]: Statistisches Jahrbuch der Stadt Wien 2016. – Magistrat der Stadt Wien, 338 S., Wien.

Nolden, S., Hofmann, Th. & Schedl, A. (2016): Geologen der k. k. Geologischen Reichsanstalt: Briefe an Julius von Haast in Neuseeland in den Sammlungen der Alexander Turnbull Library. – Jahrbuch der Geologischen Bundesanstalt, 156, 41–72, Wien.

Kieslinger, A. (1972): Die Wiener Ringstraße – Bild einer Epoche: Die Erweiterung der Inneren Stadt Wien unter Kaiser Franz Joseph: Band IV: Die Steine der Wiener Ringstraße. – 665 S., Steiner, Wiesbaden.

Neubauer, T. A., Harzhauser, M. & Kroh, A. (2013): Phenotypic evolution in a fossil gastropod species lineage: evidence for adaptive radiation? – Palaeogeography, Palaeoclimatology, Palaeoecology, 370, 117–126, Elsevier B.V., Amsterdam.

Obručev, V. A. & Zotina, M. (2009): Eduard Sueß. (Übersetzung: Barbara Steininger). – Berichte der Geologischen Bundesanstalt, 63, 182 S., Wien.

Pollack, G. (2013): Verschmutzt - Verbaut - Vergessen. Eine Umweltgeschichte des Wienflusses von 1780 bis 1910. – Social Ecology Working Paper 138, 176 S., Wien.

Sachslehner, J. (2012): Wien: eine Geschichte der Stadt, überarbeitete & ergänzte Neuauflage. Pichler Verlag, 330 S., ISBN-10: 3854316003.

Suess, F. E. (1897): Das Erdbeben von Laibach am 14. April 1895. – Jahrbuch der k.k. Geologischen Reichsanstalt, 46, 411-890, Wien.

Stur, D.; Foetterle, F.; Nusser, E.; Innhauser, F. & Hoffmann, A. (1869): Gutachten über die Bodenbeschaffenheit der zu Friedhofszwecken offerirten Grundcomplexe bei Kaiser-Ebersdorf, Rannersdorf, Pellendorf, Oberlaa, Unterlaa, Vösendorf, Biedermannsdorf und Neudorf. – 32 S., Selbstverlag des Magistrats, Wien.

Onlinequellen

ANNO/Historische österreichische Zeitungen und Zeitschriften online: http://anno.onb.ac.at/

LEHMANN – online: http://www.digital.wienbibliothek.at/wbr/nav/classification/2609

Wien Geschichte Wiki: www.wien.gv.at/wiki/index.php/Wien_Geschichte_Wiki

Danksagung

Daniel Abed-Navandi (Haus des Meeres), Daniela Angetter-Pfeifer (Österreichische Akademie der Wissenschaften), Ulrike Aspöck (Naturhistorisches Museum), Max Bichler (Atominstitut TU), Monika Brüggemann-Leodolter (Geologische Bundesanstalt), Johanna Bukovsky (Schönbrunner Tiergarten), Kurt Decker (Universität Wien), Christoph Fackelmann (Österreichischen Goethe-Gesellschaft), Anita Gamauf (Naturhistorisches Museum), Angelika Günther (LGV-Frischgemüse), Vera Hammer (Naturhistorisches Museum), Christa Hammerl (Zentralanstalt für Meteorologie und Geodynamik), Christoph Hatschek (Heeresgeschichtliches Museum), Gerhard Heindl (Schönbrunner Tiergarten), Esther Hintersberger (Universität Wien), Christoph Hörweg (Naturhistorisches Museum), Christine Jawecki (MA 29), Karl Kasehs (LGV- Frischgemüse), Claudia Kment (Schönbrunner Tiergarten), Franz Mayer (Institut für Paläontologie), Martin Melkowitsch (Austrosaat), Ernst Mikschi (Naturhistorisches Museum), Alexander Mrkvicka (MA 49 - Forstamt und Landwirtschaftsbetrieb der Stadt Wien), Thomas Nichterl (Naturhistorisches Museum), Sascha Nolden (Alexander Turnbull Library), Robert Nordsieck (Weichtiere.at, Wiener Neudorf), Helmut Sattmann (Naturhistorisches Museum), Harald Schillhammer (Naturhistorisches Museum), Dagmar Schratter (Schönbrunner Tiergarten), Alice Schumacher (Naturhistorisches Museum), Stephen Suess (Neuseeland), Ernst Vitek (Naturhistorisches Museum), Gerhard Wanzenböck (Gainfarn), Frank E. Zachos (Naturhistorisches Museum) und Dominique Zimmermann (Naturhistorisches Museum), Irene Zorn (Geologische Bundesanstalt).

Mit freundlicher Unterstützung:

Kulturabteilung der Stadt Wien, MA7 – Wissenschafts- und Forschungsförderung sowie Literaturförderung

BILDNACHWEIS

O. Abel (1922): S. 10; A. Schumacher/Naturhistorisches Museum Wien: 13, 75, 148; L. Agassiz (1835): S. 17; Geologische Bundesanstalt: S. 23, 28, 99, 112; T. Hofmann: S. 26, 32, 61, 64, 100, 102, 117, 131; Sammlung T. Hofmann: S. 43, 47, 73, 83, 88, 97, 119, 120, 124, 137; M. Harzhauser: S. 44, 93, 129; Sammlung S. Suess: S. 52, 142; Sammlung Zentralanstalt für Meteorologie und Geodynamik: S. 54, 57; Decker (2015): S. 58; P. Major/Naturhistorisches Museum Wien: S. 67; Illustrierte Kronen-Zeitung (1913): S. 69; Bibliothek Tiergarten Schönbrunn: S. 81, 86; M. Brüggemann-Ledolter/GBA: S. 115; H. Schillhammer/Naturhistorisches Museum Wien: S. 145. Alle weiteren Bilder stammen aus dem Archiv des Metroverlags.
Der Verlag hat sich bemüht, alle Rechte abzuklären. Sollte es trotzdem in einzelnen Fällen Rechteinhaber der reproduzierten Abbildungen geben, bitten wir Sie, dem Verlag bestehende Ansprüche zu melden.

Verlagsbüro W. GmbH
www.metroverlag.at

Printed in the EU
ISBN 978-3-99300-287-9